儿童自控力

让孩子独立是家长的必修课　小吴妈妈 /著

ARTTIME
时代出版
时代出版传媒股份有限公司
北京时代华文书局

图书在版编目（CIP）数据

儿童自控力 / 小吴妈妈著. 一北京：北京时代华文书局，2015.12（2018.3重印）
ISBN 978-7-5699-0656-1

Ⅰ.①儿… Ⅱ.①小… Ⅲ.①儿童－情绪－自我控制 Ⅳ.①B844.1

中国版本图书馆CIP数据核字（2015）第279224号

儿童自控力

著　　者｜小吴妈妈

出 版 人｜杨红卫
选题策划｜穆秋月
责任编辑｜李凤琴
装帧设计｜润和佳艺
责任印制｜刘　银　王　洋

出版发行｜时代出版传媒股份有限公司　　http://www.press-mart.com
　　　　　北 京 时 代 华 文 书 局　　http://www.bjsdsj.com.cn
　　　　　北京市东城区安定门外大街136号皇城国际大厦A座8楼
　　　　　邮编：100011　　电话：010-64267955　64267677

印　　刷｜北京盛彩捷印刷有限公司　　010-60542938
　　　　　（如发现印装质量问题，请与印刷厂联系调换）

开　　本｜710×1000mm　　1/16
印　　张｜14.5
字　　数｜250千字
版　　次｜2016年2月第1版　　2018年3月第4次印刷
书　　号｜ISBN 978-7-5699-0656-1

定　　价｜35.00元

　　平日里我们去超市或商场购物，总会看到这样的场景：有些孩子买了一样玩具还要再买一样，家长只要不同意就倒地大哭大闹；到游乐场玩时，总会看到一些孩子动不动就打其他孩子；去餐厅吃饭时，总会看到有的孩子自顾自地在一旁玩玩具，身边的大人给他喂饭。为什么这些孩子会这样呢？其实，根源问题就是这些孩子都缺乏控制自我的能力，即自控力。

　　所谓的自控力是一种善于控制自己的情绪、支配自己行动的能力。对于孩子来说，因为中枢神经系统还没有发育完善，神经纤维还没有全部髓鞘化，传递的神经行动容易泛化、不够准确，所以常常会表现出自控能力差。

　　美国的心理研究专家曾针对儿童自控力进行了一项科学研究，这项研究共挑选了1000名儿童作为研究对象，从他们出生一直追踪到32岁，该研究结果表明：在儿童期就能显示出良好自控力的孩子，在成人期极少犯罪，而且比那些易冲动的孩子更健康、更富有。

　　20世纪60年代，美国心理学家沃尔特·米切尔在斯坦福大学附属幼儿园也曾进行过一项有趣的实验——"糖果实验"。他发给一些4岁的小孩子每人一颗非常好吃的软糖，然后对他们说："一会儿我要出去办件事，20分钟后回来，如果哪一个小朋友没有吃掉自己手里的糖果，我将奖励他一颗同样的糖果。"结果，许多孩子急不可待，马上就把糖果吃掉了。而另一些孩子却能等待对他们来说是无尽期的20分钟，为了能让自己耐得住性子，他们闭上眼睛不看糖，或者头枕双臂、自言自语、唱歌，有的甚至睡着了，最终他们吃到了两颗糖果。

　　这个实验后来一直继续了下去。沃尔特把所有孩子分成了两类："吃一颗糖果的孩子"和"吃两颗糖果的孩子"。当这些孩子长到青少年时期，那些吃了两颗糖果的孩子做事情仍能等待，而不急于求成；而那些急不可待，只吃了一颗糖果的孩子，则更容易有固执、优柔寡断和压抑等个性表现。

　　当这些孩子长到上中学时，则表现出了某些明显的差异。通过对这些孩子的父母以及老师进行调查，结果表明：那些在4岁时就能以坚忍换得第二颗糖果的孩子成了适应性、冒险精神较强，比较受人喜欢，自信而独立的少年；而那些经受不住糖果诱惑的孩子则更可能成为固执、孤僻、容易受挫的少年，他们往往屈从于压力并逃避挑战。另外，通过对这些孩子进行学术测验，结果表明：在糖果实验中坚持时间较长的孩子平均成绩要比其他孩子高出20分。

　　等过了十几年之后再考察当年那些孩子的表现，发现那些能够为获得更多的软糖而等待得更久的孩子要比那些缺乏耐心的孩子更容易获得成功。在后来几十年的跟踪观察中，发现有耐心的孩子在事业上的表现也更为出色。

沃尔特认为，吃两颗糖果的孩子之所以能够取得成功，不是因为他们的智商高，而是他们的自控能力强。那些在实验中吃两颗糖果的孩子所表现出来的自控能力，主要体现为为追求远大的理想目标而放弃浅近欲望的深层次心理品质，他们在日后的社会发展中表现出了特别出色的特质。

德国大文学家歌德曾说："谁如果游戏人生，他就将一事无成，不能主宰自己，永远是一个奴隶。"世界上最重要的事情，就是懂得如何主宰自己，但主宰自己的前提是能够自我控制。高尔基也曾说："哪怕对自己小小的克制，也会使人变得坚强。"

可见，自控能力对于孩子的成长乃至成功是非常重要的。对此，每个父母都要有足够的认识。要知道，教育孩子最重要的不是教授他某些知识，而是通过自我控制塑造孩子健全的人格，让他们自己学会控制自己，进而掌握世界。自控能力较强的孩子，对任何事物都能始终做出正确的判断，从而让自己的行为始终保持在正常的范围内。这样孩子就能够不断积极、有序地去实现自己人生的每一个目标。

现在"爱与自由"这个教育观念受到很多年轻父母的追捧。不过，有些父母似乎对这个理论和理念的理解有些偏差，他们以为爱孩子，就要给孩子充分的自由，孩子可以随心所欲。其实，这样的理解是错误的。

　　的确，在孩子成长的过程中，我们是应该学会不断对孩子放手，让孩子有一个宽松的自我成长过程。可是，父母们要明白，放手并不是完全撒手不管。没有任何约束的自由必将演变为娇宠、溺爱，这对孩子的成长没有任何好处。就像欧美的一句古谚所说的那样，"如果你由着孩子，很快他就会让你哭"。法国的教育家卢梭也曾说过："你知道用什么办法能使你的孩子得到痛苦吗？这个办法就是：百依百顺。"

　　所以说，身为父母，对于孩子的自控力，不应该消极地等待它能树大自然直，而应该从小积极培养才行。那么，父母到底怎样做才能培养孩子良好的自控能力呢？为了解决广大家长的难题，我们特意编写了此书。

　　在此书中，我们提炼了最新的神经系统科学研究成果，通过真实的案例，为广大家长提供了应对孩子不良行为的方法与策略。为了便于大家理解，文章采用的是通俗易懂的语言风格，可读性、可操作性都很强。相信身为父母的您只要阅读此书，并且运用书中的理论去培养孩子，那您的孩子一定能成为自控力超强的省心孩子。

　　要想让您的孩子成才、成功，那就从培养他们的自控力开始吧！相信此书一定会成为您的良师益友。

目 录
CONTENTS

第一章

能自控，才能成为自己的主人

　　自控力，又常常叫意志力。是一个人在做事情的过程中能够自觉控制自己的情绪、约束自己言行的能力。它是一种可贵的意志品质。这种自控力，是一个人在事业上取得成就的重要条件。自控力的养成对于孩子的将来有着极为重要的影响，所以父母应当注重培养孩子的自控力。

缺乏自控力，是孩子任性的根源

相信大家在去逛商场或超市时，都看到过这样的场景：一些小孩子站在玩具货架旁不走了，指着某玩具要求家长必须给他买，如果家长不同意给买，就坐在或躺在地上不停地打滚、哭闹，令家长不由得叹气道："这熊孩子，可咋办？"

其实，小孩子之所以会这样，原因就在于他们缺乏自控力。作为成年人，我们都懂得根据所处的环境来调整自己的行为，抑制不合时宜的内心冲动，这是社会生活必不可少的一部分。可是，对于"熊孩子"来说，由于自我控制能力不足，在看到某件自己想要的东西，或是有机会做出某种令自己快乐的行为时，他们往往不愿意等待，而是希望立刻获得满足。在内心冲动的驱使下，就会表现出各种"熊"行为。比如，乱发脾气、无法克制冲动的行为、总是以自我为中心、注意力不集中、非常任性、没有耐心等，轻者就像上例那样跟家长撒泼，严重的通常会做出攻击性的行为，甚至会大打出手。如果追根溯源的话，这些行为大都在3岁之前就已经萌芽了。

简单来讲，自我控制就是个体对自身情绪和言行的主动掌控。美国心理学家克莱尔·考普认为，自我控制是一个复杂的心理结构，是一种个体通过自主地调节行为，从而使个人价值和社会价值相协调的能力的反映，这种能力具体表现为：按照要求行事；在社会和教育的环境中，调整自己的言行；在没有外在监督的情况下，能够主动采取被社会所接受的行为方式。

可以说，培养儿童的自我控制能力是儿童社会性发展的重要任务之一。克莱尔·考普认为，拥有自控能力是儿童早期成长的一个重要里程碑，而且对其今后健全人格的养成及健康成长还会产生深远的影响。对此，心理学界有很多研究成果已经证实了这个结论，比如：

（1）美国通过对中产阶级家庭背景的幼儿进行过的研究，结果发现幼儿期自我控制能力的发展和小学低年级时的学习成绩、社交能力之间的关系密不可分，具体表现为：在学习和生活上更能保持很强的自控力；更喜欢上学，从而更容易获得老师的赞扬；也更容易获得友谊。

（2）心理学家米歇尔等人对自我延迟满足的远期影响所做的长期跟踪研究表明：3~5岁时能够做到自我延迟满足的儿童，10多年后，父母对其在学业成绩、社交能力、应对困难和压力等方面有着较高的评价；进入大学的学业倾向测查中SAT（学术水平评估测试，俗称"美国高考"）得分也较高。

总之，自控力是儿童的一项重要能力。如果儿童缺乏自控力，不但会导致其早期的许多问题行为，比如专注力不强、多动症、有攻击行为等，而且也是诱发一些像暴力、吸毒、酗酒等社会问题的根源。像后面这样的孩子，我们把他们归到"高风险"行列。（"高风险孩子"的共同特征为：乱发脾气、不听老师的话、没有同情心、不体贴人、没有合作精神、不守规则、自私任性、攻击性、不能忍耐和坚持、容易厌倦、没有干劲。）

因此，为了培养出一个优秀的孩子，父母一定要注重对孩子自控能力的培养。

拥有自我控制力中枢，所以人才成为人

随着认知神经科学的迅速发展，人们对大脑的结构和发育情况有了更多的认识，从而在理论方面为自控力的研究提供了科学依据。

人类的大脑分为三个部分——"脑干""大脑边缘"和"大脑皮质"。最先形成的是第一层的脑干，这是最原始的脑的类型，相当于爬行类动物的脑。它在维持生命、繁殖等方面发挥着重要作用，是低等动物掌握食欲、性欲、战斗等的"司令部"，是支配动物冲动行为的中枢。

然后，在脑干之上形成的是大脑边缘，相当于鸟类和低等哺乳类动物的脑，用来支配恐惧、愤怒、爱憎等动物性的感情，然后发布行动命令。如果有对手侵犯了自己的"地盘"，大脑边缘就会立马变得愤怒起来，同时发出"把它赶出去"的行动命令。实际上这就是使人类冲动时"乱发脾气"的根源。

最后形成的是最上层的大脑皮质，相当于进化到高等哺乳动物的阶段。大脑皮质中保存了与人类出生以来所获得的知识相关的记忆。这种记忆与知性（智力活动）或理性（善恶的判断）有关，所以大脑皮质可以说是理性中枢。人类通过把司令部转移到大脑皮质，就能很好地掌控由大脑边缘的感情所产生的冲动行为，还能进行理性判断，采取冷静行为。在人类的感情中，高兴、悲伤等高级的感情，都是由大脑皮质所管理和支配的。

可以说，人类自从诞生到成长的过程中与动物不同，就是有一个很重要的课题需要解决，即动物性的"大脑边缘系"和人类的"大脑皮质"的主导权的争夺问题。也可以这样形容，在人脑中有场战争，究竟是动物性的冲动取胜，还是人类的理性取胜。这场战争自从人脑中不同的地方产生了"冲动中枢"和"理性中枢"以后，就永远存在。

具体来讲，就是大脑边缘系的悲观、粗暴的感情和大脑皮质的积极、智慧的理性发生冲突，这时候怎样用大脑皮质的智慧或理性来控制大脑边缘系的愤怒、嫉妒等粗暴感情支配的攻击行为呢？那就要启动"可以控制自己感情"的自我抑制系统。这个系统的完成是人之所以成为人的条件。

美国脑研究专家通过进一步研究发现，对自控力起到非常重要作用的是大脑皮质层的前额区的一部分"眼窝前额皮质"。这一研究成果已经被联合国儿童基金会采用。

由于"眼窝前额皮质"的发达，大脑皮质的理性命令就能传达到大脑边缘，抑制愤怒、仇恨、嫉妒等情绪的爆发，从而控制自己的暴力行为。更重要的是，大脑皮质和大脑边缘之间，没有直接发挥抑制作用的突触（神经接合），所有的控制神经都只能经由这个"眼窝前额皮质"来达成。由此可见，如果"眼窝前额皮质"发育不够成熟或严重损伤的话，即使大脑皮质的智慧和理性再完美，也无法控制大脑边缘的"感情爆发"。也就是说，人将无法控制自己的感情。因此，人们认为这个"眼窝前额皮质"是抑制冲动的"自我控制力中枢"。

另外，"眼窝前额皮质"还有其他一些关系到较高级精神活动的作用。这些作用和"动不动就发脾气的孩子"的异常行为关系密切。具体如下：

（1）共情能力。"眼窝前额皮质"的发达程度和共情水平的高低有着密切关系。所谓共情就是指"把自己的感情投射到对方，并且同化之"，比如，看到有人摔伤了，会想"肯定很疼吧"，就是这种怀有与

对方同样感情的能力。

如果"眼窝前额皮质"不发达，即没有共情能力，就无法理解对方的心情，也就不会站在对方的角度想问题，那样就不会成为体贴别人的人。一旦事情不像自己想的那样，就不会考虑对方的心情而突然大发脾气。

（2）共鸣能力。"眼窝前额皮质"的发达程度和共鸣能力也有关系。所谓共鸣，就是"对对方的感情或主张，自己几乎也怀有同样的感受或理解"。

比如，当别人跟你说一些重要的事情时，如果你没有产生相同的感受，那对方说什么你也不会懂，也不会有协调和合作。这是关系到交流的最根本的问题。

如果"眼窝前额皮质"不发达，那别人跟你说一些重要的事情时，你也不会理解，不会产生共鸣，会觉得跟自己没关系而不予接受。由于无法和周围人产生共鸣，相互之间无法交流，导致在家庭、学校、社会等集体生活中产生很大障碍。并且，没有共鸣能力，就不懂得遵守法律和规则，从而会做出一些违反法律的事情。

（3）建设性解决事情的能力。"眼窝前额皮质"和能否顺利地解决问题也有关系。当碰到自己不喜欢或困难的事情时，想办法积极解决，这是正常人的反应。而如果一个人的"眼窝前额皮质"是脆弱的，就无法做到。比如，当遇到自己不喜欢的事情时，首先会使用暴力，采取破坏性行为；做事情没有耐性，容易急躁，不擅长统筹安排，行事草率；有时会显出冷漠、无辨别能力等消极的性格，更会无视全局，只拘泥于某一点，顽固不化。这些都是影响"建设性地解决问题的能力"的要因。

（4）和面部表情的关系。面部的表情对人与人之间的交流也有着很重要的作用。如果"眼窝前额皮质"发达，在和别人谈话时，眼睛会放光，并且会一直注视对方的眼睛，努力集中精力理解对方所说的话的内容，理解了谈话内容以后就能产生共鸣，从而脸部的表情就会变得生动活泼。

　　而"眼窝前额皮质"脆弱的孩子与他人交谈时，眼睛则不会放光，并且注意力也会不集中，脸上没有任何表情，不知道他在想什么。虽然这样，不过他的智力水平未必低。

1岁之前，是播下自控力种子的最佳时期

前面我们已经讲过，人之所以为人，就是因为能够掌控自己的情绪和行为，这主要应该归功于大脑的不断进化。神经学家经研究发现，通过一定的训练，人脑中某些区域的密度会增加，而通过训练大脑就能增强自控力。我们来打个形象的比方以此形容大脑的重要性，人类的大脑就如同电脑的芯片，虽然体积不大，可是如果质量不过关或零部件损坏，最后就一定会影响整体运行。所以，从某种程度上讲，大脑就是自控力的"硬件系统"。

我们已经知道，3岁前是培养儿童自控力的关键期。可是自控力并不是一夜之间就能突然冒出来的。从大脑的发育阶段来看，1岁之前就应当对孩子进行自控力训练，这个时期是播下自控力种子的最佳时期。因为这个阶段，孩子的记忆力还不是很发达，需求没有得到满足的情况不会延续到记忆中去，心灵也不会因此而受到伤害。

处于婴幼儿阶段的孩子，他们的很多需求和欲望大都源于生理和心理的本能。家长们在照料孩子的过程中，都会尽可能地满足孩子的生理和心理需求。不过，需要家长们注意的是，婴幼儿的需求和欲望是冲动性的，他们是无法自己控制的，并且随着身心的不断发展，还会无限增大。对于还不具备自我控制能力的婴儿来说，就需要借助外部的力量来进行控制。就如奥地利的心理学家维尔海姆·史戴克在他的著作中所说的那样："婴儿的欲求，你越是满足他，它就会越升级，无限地增加，绝不会有满足的时候。为什么呢？因为婴儿心里的自我控制机制还不发达，因此需要外界给他的欲望加以必要的限制，这种限制也是越早越好。这样，婴儿就会借此学会放弃，学会满足。"

因此，作为父母，对于婴幼儿的不当需求或者过度要求，不要无限制地予以满足，而应该在某个地方停下来。受到限制，即使幼儿啼哭，也不得不学会放弃欲求。这是人生最初的重要学习训练，由此他会在心中产生"放弃的念头萌芽"。不过，需要注意的是，不能像对待大一点儿的"任性"的孩子那样，采取断然拒绝的态度和方式。因为，1岁内的孩子最需要的是父母的爱、敏感的回应以及积极的关注等。当孩子沉浸在爱的世界里时，再适当引导孩子学会放弃，父母只有采取这种"温柔而坚定"的态度，孩子才能感受到。这样，孩子大脑中的自我控制系统才能逐步建立起来。在日常生活中，如果不断地重复这种"放弃"训练，那孩子的大脑中就会逐渐形成强有力的控制系统。

总之，过了1岁之后，孩子的记忆力会越来越发达，自我意识和独立能力都在逐步增强，3岁左右还会迎来人生的第一个反抗期。孩子年龄越大，我们就越难让其学会放弃。因此，这种宝贵的初期学习和体验的机会，父母一定要抓住。

1. 让孩子学会放弃，从喂奶开始

宝宝出生之后，妈妈所面临的第一个问题就是喂奶。可能很多人不理解，喂奶怎么会和自控力有关系呢？其实不然，无论是采取母乳喂养还是人工喂养，喂奶方式不同，对孩子自我控制系统的发育也会产生不同的影响。

不管是母乳喂养还是人工喂养，大致分为两个方法：一个是自律喂奶法，就是"孩子想什么时候吃奶就什么时候喂"，还有一个是规律喂

奶法,就是"定好时间按规律喂"。

宝宝出生之后的几周内,啜饮力很弱,很拙笨,而且乳汁的分泌量也不是很多,孩子一饿就会哭,所以喂奶的频率很高,这是没办法的事情。所以这个时期,最好的方法就是孩子想什么时候吃奶,妈妈就什么时候喂。

可是,过了这个时期,如果还是"一要奶就喂"的话就有问题了。"要了就给"的喂奶法,对于只具备大脑边缘系的低等哺乳动物来说,是无可厚非的。可是对于高等动物的人类来说,出生后不久,低等动物所不具备的大脑新皮质就开始发育,从而有了表现喜怒哀乐的可能。

与此同时,抑制大脑边缘系冲动欲的"眼窝前额皮质"也迎来了发育的高峰期。在开始活动的"眼窝前额皮质"和"大脑新皮质"的作用下,人类开始了在很多场合都要抑制自己的感情和欲求的生活。在饮食上,人类不能再像动物那样想吃的时候就使劲儿地吃,断乳期后,就要开始一天3顿的规律饮食,在生活习惯上也要有新的制约。

这时,如果总是采取"想要的时候就得到",满足"大脑边缘系"(动物脑)欲求的喂奶习惯,就会使大脑中的自我抑制力中枢的发育缺乏必要的抑制刺激,从而就会养育出任性的孩子。所以说,喂奶事小却不容忽视。而如果采用"规律喂奶"法,则有利于大脑中自我抑制力中枢的发育。如果妈妈采用这种方式喂奶,很多时候就能断了孩子"想要什么就能立马得到"的念头,从而让孩子从吃奶这件事上逐渐学会放弃和忍耐。

可能很多人会问,到底间隔多长时间喂奶好呢?这个问题没有标准答案,父母只要根据具体情况决定就可以了。

一般来说,婴儿吃一次奶以后如果吃得很饱,在3~4小时后啼哭则表示饿了,这是一个标准。

如果婴儿1~2个小时就饿了,对此,我们有必要探究一下原因。比如，是不是没给孩子喂饱呢？只要找到了原因就会有解决的办法。没喂饱奶的原因有很多，诸如母乳不够、喂奶过程中孩子累了、喂奶的环境很嘈杂，等等。原因不同，解决办法也不同。如果有必要的话，应该向医生或保健师咨询。

总之，在自然的状态下，以3～4小时作为喂奶间隔，是基本的原则。而做到这一点很简单，那就是要尽量一次喂饱。

不过，需要注意的是，因饿了而哭的孩子，如果不得到满足一般不会停止啼哭，让他忍太长时间也是不明智的。如果忍耐超过了限度就不是训练，而成了压力。所以不能让训练过于严酷，否则就变成虐待孩子的行为了，会给孩子留下心灵创伤。那样也就失去了训练的意义。

2. 利用身体语言，让孩子学会停止

1岁以内的孩子，他们的运动能力有了很大的提高，当他们想表达某种诉求时，除了会采用大吼大叫、哭闹的方式，还会用自己的手脚和动作来表达。初生牛犊不怕虎的他们难免会做出一些不合适的行为，甚至是危险的举动。这个时候正好是培养他们逐渐学会自动停止、进行放弃训练的大好时机。不过，成人的口头语言对于1岁以内的孩子来说，就好比是"鸡同鸭讲"。所以说，这个阶段，我们最好使用身体语言，比如做摇头、摆手的动作来暗示他们，逐渐让他们明白这样的举动是不可以的，从而让他们学会停止。

3岁前是培养自控力的关键期

　　意大利著名教育家蒙台梭利曾说："人生的头三年胜过以后发展的各个阶段，胜过3岁直到死亡的总和。"3岁是孩子成长的一个重要阶段，儿童心理专家和教育家们把从出生到3岁这个阶段称为婴幼儿期，这个阶段是儿童生理和心理发育最迅速的时期。

　　孩子在3岁时基本完成了脑部的发育。自从婴儿诞生开始，其大脑中的数十亿细胞不断形成网络，相互之间由数兆的突起连接组成突触（神经元之间的接触部）。这个网络以"眼窝前额皮质"为中心组织，活跃在"新皮质"与"边缘系"之间，积极地传递着信息。

　　随着这个系统的形成，在孩子的成长过程中，逐渐具备了相互交流和判断善恶的能力、社会性、同理心，能够控制自我的欲求，用理性的力量控制自己的感情。这一时期孩子的成长过程会直接决定他以后在学校的学习成绩，并且会左右其青年时期及成年以后的性格。可见，孩子3岁之前的成长对其一生的影响是非常重要的。不过需要注意的是，在3岁之前，我们不但要重视孩子的生理和心理发展，更需要重视他们的情绪和社会性发展，特别是自我控制能力的发展。

　　美国心理学家克莱尔·考普对自我调控的发展做过很多研究，认为儿童早期的身心发展变化是自控能力发展的基础，并总结出了与儿童身心发展水平相对应的5个发展时期。

（1）神经生理调控时期（0~3个月）。因为中枢神经系统没有发育成熟，孩子的生理机制保护着他免受过强刺激的伤害，所以很多外部刺激不被加工。在此阶段，虽然照看者对婴儿日常生活常规的安排等外部因素对婴儿自控能力的发展有一定的促进作用，但婴儿的生理成熟才是自控能力发展的重要因素。

（2）感知运动调控时期（3~9个月）。此阶段的幼儿能够做出一些自发性的动作，而且还能根据环境的变化来调节自己的行为。在和环境的相互作用中，幼儿能逐渐学会通过他人的行为来区分自己的行为。

（3）外部控制时期（1岁左右）。随着语言和动作的发展，孩子开始能够识别照看者的要求，而且能够控制自己的行为。这种能够明确意识到照看者的要求与期望，并且能够自愿地遵守简单的命令的顺从行为是儿童最初自我控制行为的萌芽。

（4）自我控制时期（2岁左右）。由于儿童的心理表征能力的萌发，此阶段的孩子开始能够运用符号来代表物体，这使得他们能够在没有外部控制的情况下服从照看者的要求，而且还能根据他人的要求延缓自己的行为。

（5）自我调控时期（3岁左右）。此阶段的儿童获得了关于自我统一性和连续性的认识，开始把自己的行为和照看者的要求联系起来，这使得他们有可能在产生新动机的情况下，仍然能够对自己的行为进行自我调控。

从上面所讲的儿童自控力的发展轨迹可以看出，儿童早期自我控制能力的发展主要是从外源性控制向强调儿童内在因素的内源性控制转变。也就是说，在儿童的认知、动作和语言尚未充分发展之前，对其行为进行监督的责任是由成人来承担的，成人通过"命令"或"阻止"等他控手段，来帮助儿童辨别行为后果的危险性，提醒儿童没有记住的行为规则，从而使得他们逐渐理解和内化社会规则。当儿童语言的发展能

使他们理解规则所包含的意思，记忆发展能使他们记住成人的要求时，对其行为进行监督的责任就可以由儿童自己来承担。儿童通过对行为后果的预料，会把自身的行为与内在准则做对比，进而对自己的行为进行调节。

另外，前面我们已经讲过"眼窝前额皮质"是抑制冲动的攻击行为的"自我控制力中枢"。美国的脑研究专家认为，"眼窝前额皮质"的发育临界期（认知神经科学的相关研究表明，在大脑的发育中，针对某种功能会有个临界期，即过了这个时期，发育几乎就会停止）是3岁之前，尤其是出生之前到出生后2岁半左右是发育最快的时期。过了临界期——3岁，"眼窝前额皮质"几乎就不再发育了。

因此，在3岁之前，大脑自我控制系统的这个中枢必须完成构建。如果错过了这个时机，以后再想构建就会特别困难了，以至于会影响一生。3岁以后，掌管"记忆力""判断力"等重要新皮质的发育会很迅速，大脑的发育重心也会转移至此。新皮质里会蓄积大量的记忆（知识），孩子需要用这些记忆知识，与周围的人建立关系，用完成的"自我抑制系统"适当控制"大脑边缘系"的冲动行为，独立适应日常家庭及社会生活。

所以说，3岁前的早期教育，并不需要学习多少知识和技能。这个阶段，孩子的主要任务就是玩耍和游戏，特别是与同伴之间的玩耍游戏。在这种集体活动中，孩子自然就能学会怎样跟同伴好好相处，学会忍耐、合作、互相帮助以及不吵架等。

然而，现实中，很多家庭教育不遵循孩子的心灵发育规律，而只注重"学习能力"。"只要孩子努力学习就行，其他的事情都可以宽容"，父母都是这么想的，而且他们的价值观就是"学习好的孩子就是好孩子"。在这种不注重培养孩子自控能力的教育观念下，当孩子过了3岁时，在孩子缺乏自我抑制力的情况下，就马马虎虎地步入学龄期，那么在下一个教育阶段掌握"知识"和"判断力"的学校教育中就会遇到许多困难。

　　因此，作为父母，应当抓住孩子自从诞生至3岁之间这个阶段，着重培养孩子的自控力，只有这样，孩子才会有更好的未来。

活用快感原则和现实原则，培养孩子的忍耐力

讲到这里，可能有家长会问："我们已经知道了在孩子1岁之前，通过放弃训练能为他们播下自控力的种子，可是接下来的时间里，我们又该如何培养孩子的自控力呢？"

答案就是，我们要通过活用快感原则和现实原则，培养孩子学会忍耐和等待的能力，逐渐让自控力这颗种子在孩子的心中生根发芽。

快感原则和现实原则是两个精神分析用语，是心理学大师西格蒙德·弗洛伊德首先提出来的。

在弗洛伊德的学说中，人格被视为从内部控制行为的一种心理机制，这种内部心理机制决定着一个人在一切给定情境中的行为特征或行为模式。弗洛伊德认为完整的人格结构由三大部分组成，即本我、自我和超我。

所谓本我，就是本能的我，完全处于潜意识之中，是刚出生时表现出来的全部东西。本我的唯一机能就是要满足天生的生物本能，并且总是试图马上让这些需求得到满足，所以婴儿只能运用快感原则行事。他们饿了就要吃，尿湿了就会哭，直到自己的需求得到满足才会停止啼哭。所以说1岁以下的孩子基本没有忍耐的能力。

自我是面对现实的我，它是通过后天的学习和环境的接触发展起来的。自我是本我和外界环境的调节者，是人格有意识的、理性的成分，它反映出孩子逐渐出现了理解、学习、记忆和推理能力。自我的机能是为满足本能冲动寻找现实途径，所以1岁之后的孩子就逐渐学会了运用现实原则行事。比如一个2岁左右的孩子饿了的时候，就不再像1岁以内的孩子那样只会哭闹，而是会告诉大人自己饿了，想吃什么。随着自我的逐渐发展，孩子就能更好地控制非理性的本我，去寻找比较现实的方式来满足自己的需求，并且逐渐学会忍耐和等待。

超我，是道德化了的我，它也是从自我中分化和发展起来的，它是人在儿童时代对父母道德行为的认同，对社会典范的效仿，是接受文化传统、价值观念、社会理想的影响而逐渐形成的。它由道德理想和良心构成，是人格结构中专管道德的司法部门，是一切道德限制的代表，是人类生活较高尚行动的动力，它遵循理想原则，并通过自我典范（即良心和自我理想）确定道德行为的标准，通过良心惩罚违反道德标准的行为，使人产生内疚感。

对于婴幼儿来说，当要求及时得到满足时，就会产生一种快感，从而可能还会产生相同或相似的需求；那些经过等待才得到满足的要求，根据现实原则很可能就学会忍耐相似的需求；而那些被坚决拒绝的要求则可能根据现实原则，以后再也不会产生同样的需求。

对幼儿来说，当他们做不好的事情时，如果父母不明确对他说"不行"，他自己是无法区分好坏的。因此，从1岁以后，父母就应该逐渐亮出这些底线，让孩子由此体验人生早期的学习。

然而，有些父母却只想用快感原则来养育孩子，觉得孩子可爱，所以就只让孩子高兴。比如，孩子小的时候会给他买很多玩具，有时候即使孩子没要也会给他买；吃饭只挑孩子喜欢的食物做，孩子讨厌的绝对不买、不做，这样势必会造成孩子偏食。因此，那些自我控制能力差、爱发脾气、以自我为中心的孩子，他们身上的极端偏食倾向绝对是有原因的。

所以，如果只用快感原则，就想能很好地培育孩子是不可能的。因为抑制孩子冲动情绪的训练，只采用快感原则是不可能做到的，必须借助阻止该冲动的现实原则训练才能完成。因此，父母掌握快感原则和现实原则的平衡感觉是非常重要的。

那么，父母具体应该怎么做呢？

首先，如果我们认为孩子的要求是及时并且合理的，那就要尽可能地立马满足他，比如口渴了喝水、及时大小便等动物性的本能需求。这些是孩子出于生存的本能，父母一定要根据快感原则行事。

其次，如果我们认为孩子的需求合理，但可以延后满足，那就可以逐渐训练孩子的延迟满足能力，比如，当孩子要求和妈妈一起玩游戏，此时妈妈可以和他商量："我有件重要的事要做，等做完了再陪你玩。好吗？"当孩子在超市买了一样玩具后，告诉他要想买其他玩具就得等到下一次才行。对于这些是非基本的生理需求，就要让孩子慢慢学会根据现实原则行事，逐渐学会忍耐和等待。

最后，如果我们认为孩子的要求不合理，或者对自己和他人有危害，那就要坚决拒绝或阻止这些不当要求。比如，当孩子通过暴力的方式去抢其他小朋友的玩具、把垃圾随手扔在地上等，家长就要告诉他这样是不可以的。这样，孩子就能逐渐学会根据现实原则做出正确的价值判断，知道哪些事能做、哪些事不能做。对于孩子来说，根据"不能做"的现实原则行事就是被迫忍耐不愉快的感受，所以不可能一次就会听你的。这个时候，父母不要大吼大叫，不要呵斥孩子，要耐心地反复训练，慢慢地就会有效果。久而久之，孩子就能成功地克制自己了。

这种在幼儿期接受过"快感原则"和"现实原则"适当训练的孩子，都能具备正确的社会性认识和价值观。并且他们成人之后很少会有不当欲求，即使心里有不当欲求，也会预期到可能无法得到满足，既然不能满足就比较容易死心。

　　对他们来说，忍耐并不是什么很大的不满或精神伤害。他们可以承受压力，对社会的适应性较强，也更容易成为社会精英。

3岁后，注重培养孩子的自我管理能力

3岁后的孩子，其身心发展变化比任何一个阶段都要大。孩子的生理和心理会发生迅猛的变化，就像人们说的"一年一个样，三年大变样"。可以说，3岁是一个人人生发展历程中第一个重要的里程碑。

前面我们已说过，3岁之前是培养孩子自控力的关键期，大脑的自我抑制系统已经初步构建成形。不过，需要注意的是，3岁之后我们仍然要注意培养孩子的自控力，因为任何人的自我控制能力在其一生中都在不断地发展和变化着。

孩子3岁之前，我们关注更多的是他们大脑的发育状况，需要通过放弃训练和忍耐训练来促进大脑的自控力中枢的发育，从而帮助他们构建自我抑制系统。

而3岁过后，大多数孩子都会进入幼儿园进行学习和生活。这时，我们要明白，孩子在幼儿园里的主要任务并不是要学习很多知识或者掌握很多本领，而应该侧重于让孩子养成良好的行为习惯、提升生活自理能力、学会和人交往、培养规则意识、懂得分享和感恩等更为重要的方面的教育。因为这些方面几乎都跟孩子的自我控制和自我管理能力密切相关。

因此，孩子3岁之后，父母们应当结合他们的生理和心理发展规律、情绪和社会性发展规律，通过多方面的训练来促进孩子的自我控制能力的发展，从而帮助孩子全面发展自我管理能力。

那么，我们如何培养孩子的自我管理能力呢？

1. 父母要做优秀的自我管理者

不能够约束自己言行的孩子未必是家教不严，不少孩子经常受到父母的责骂，甚至受到体罚，但他依然很淘气，似乎不能管住自己的嘴巴和手脚，他总是被警告，但又一次次犯错。如果在父母的监督下，他也许会稍有收敛，但是一旦离开父母的视线，他就"闹翻天"。

妈妈对欢欢要求很严，欢欢犯错的时候经常会受到严厉的训斥。但是，欢欢却不是一个很懂规矩的孩子，更为奇怪的是，欢欢不擅长自我管理，却很擅长"管理"他人。

在家里，妈妈说话做事稍有不当，欢欢就马上"挑错"。为什么会这样呢？原来，妈妈也是这样的，她对自己要求并不严格，但对欢欢的要求却很多。因此，欢欢心里其实很不服气，他常常反驳妈妈说："自己都管不好，还来管我？"

通过以上案例可以看出，如果我们本身就不是一个优秀的自我管理者，却想培养孩子良好的自我管理能力，实在是很难。只有具备某种能力的人，才能教别人掌握这种能力，这就好比是手里有糖的人，才有"能力"给别人一颗糖。如果我们自己都不能管好自己，如何教孩子学会自我管理呢？即使理论讲得再棒，不能给孩子做出好的榜样，孩子心里也不会服气的。因此，教孩子学会自我管理，要从自己做起。

2. 给孩子自我管理的机会

如果我们经常对孩子发号施令，就会导致他没有对自己"发号施令"的机会了。人都是有惰性的，如果总有人替我们打理好一切，我们

也就乐于省心省力了。同样的道理，如果我们总是"替"孩子来管理他自己，孩子也就懒得进行自我管理了。

因此，我们要给孩子自我管理的机会。在做某些事情的时候，我们不要处处为孩子安排，要让他试着管理自己的生活。甚至，他犯错以后，我们也可以不去指责他，而是等着他自己发现错误，给他自我纠正的机会。

别怕孩子管理不好自己，自我管理也是需要练习的。只要我们肯给他机会，他就会越来越善于自我管理。

3. 帮孩子进行自我管理

我们要"帮"孩子进行自我管理，而不是"替"孩子进行自我管理。当孩子"忘记"进行自我管理的时候，我们可以不时提示他一下。

陶陶喜欢上网，为了不让他沉迷网络，妈妈希望他能够约束自己。因此，陶陶制订了一个上网规定，规定自己每天上网不超过半个小时。但某些时候，陶陶玩起来就会忘记了时间，这时妈妈总会不失时机地提醒他："陶陶，记得你自己的规定哦！"得到妈妈的提醒，陶陶就会主动关掉电脑。

有的妈妈遇到类似的情况就会对孩子发火："为什么又玩这么久？"这便是替孩子进行自我管理。其实，我们应该相信孩子是有自我管理能力的，只要我们不时提醒他一下，他就能够进行自我约束。

补充生理能量，才能更好地练就自控力

心理学研究表明，自控可能比大脑处理其他问题时所用的能量多，但远远低于身体运动时所需的能量。

佛罗里达州州立大学的心理学家罗伊·鲍迈斯特是第一位系统观察和测量意志力极限的科学家。他通过很多实验发现，人们的自控力总会随着时间的推移而消失殆尽，这是为什么呢？

原来，当大脑发现可用能量减少时，它便会有些紧张——于是，它决定不再支出，并保存资源。它会削弱能量预算，不再支出所有的能量。第一项要削弱的开支就是"自控"。因为，自控是所有大脑活动中耗能最高的一项。为了保存能量，大脑不愿意为你提供充足的能量去抵抗诱惑、集中注意力、控制情绪。当资源不足时，大脑会选择满足当下的需求；资源充足时，大脑则会转向选择长期的投资。在一个无法预测食物供应的世界里，这是绝对的优点。现在社会中出现的失控实际上是大脑战略性冒险本能的延续。为了不至于被饿死，大脑决定冒更大的风险，处于一种更冲动的状态。

所以，我们可以得出这样一个结论：身体能量是自控力的生理"能量场"。由于儿童尚处于生长发育阶段，为了保证其大脑进行自控活动所需要的生理能量，我们需要采取各种合理的方式来进行补给，从而让孩子的身体能量始终处于自控力的安全线之上，那样，他们的自控活动

所需要的能量就将持续不断。

1. 让孩子"吃"出自控力

美国南达科他大学的行为经济学家X.T.王和心理学家罗伯特·德沃夏克认为，现代人的大脑可能仍把血糖含量作为资源稀缺或充足的标志。当血糖含量降低时，大脑就会考虑短期的感受，会使用快乐原则去冲动行事。

这样看来，合理饮食不但能够确保孩子身体发育所需要的生理能量，还能确保大脑进行自控时所需要的血糖含量。实际上，在培养孩子良好的用餐习惯和规律的过程中，同样也可以训练他的自控力。

那么，我们应当怎样做才能让孩子"吃"出自控力呢？

（1）做到"到点"就吃。我们总看到过这样的情况：很多孩子在正餐时间不好好吃饭，其父母就会在非正餐时间给孩子食物，等到下一顿饭的时间，孩子如果不饿，还是不好好吃饭，最后就会出现正点用餐时间不吃，非正点时间加餐的恶性循环。

对此，父母们应当做到，尽量做到吃饭的时间一到，全家人一同在餐桌上用餐的习惯，并规定孩子须吃完自己的那一份餐，如果孩子不吃完，就算他等一下饿了，也不要再给他任何零食，久而久之，孩子就会养成定时、定量的习惯。

（2）规定用餐时间。很多孩子不好好吃饭的一个重要原因就是从小做事拖拉，一顿饭可能要吃上一两个小时。久而久之，一旦养成习惯了，他们就不会把吃饭当回事，甚至可能会产生抵触心理。

对此，父母们应当给孩子规定好用餐时间，比如半小时左右，如果孩子在规定时间内吃得很少甚至不吃，那我们就要坚持做到到点就把饭菜收走。其实，孩子一顿不吃，甚至一天不吃，并不会给他的身体带来任何伤害。如果孩子不好好吃饭，我们就要狠下心来让他饿一顿肚子，以便让他养成良好的吃饭习惯。

（3）从小为孩子定好吃饭的规矩。俗话说"没有规矩，不成方圆"，在用餐上也一样。父母可以从以下几点着手：不要让孩子把会分散其注意力的玩具或其他东西带上餐桌，也不能一边吃饭一边玩玩具；吃饭的时候必须关掉电视，即使听也不可以；只能在餐桌上吃饭，没吃完不能离开餐桌；孩子两三岁后要让他学会自己吃饭，父母不要追着喂饭，也不要强迫孩子吃饭；等孩子稍大一些时，要求孩子吃完饭后自己把碗筷放到厨房的水槽里。

（4）减少正餐之外的食物。虽然零食的给予有其必要性，然而却不可过量，尤其垃圾食物尽量不要给予，这样才能避免孩子因多吃了一些零食，造成"本末倒置"吃不下正餐。

对此，父母可以从如下几个方面来进行：给孩子规定每天零食的数量；告诉孩子每次去超市只能买一种零食；让孩子减少跟喜欢吃零食的小朋友接触；让孩子远离电视上或其他地方的零食广告；跟孩子一起看食品安全方面的电视或视频。

（5）注意营养搭配，不让孩子挑食。父母千万不能因为迁就孩子就让他爱吃什么吃什么。一定要告诉孩子荤素都得吃，这样才能营养均衡，身体才会更健康。

很多父母都说孩子不爱吃饭，总得追着喂才能勉强吃一口，即使一顿不吃他也不会觉得饿，为此父母们都感到很着急，不知如何是好。对此，父母们除了要做到上面谈到的几点外，还可以从以下几个方面来着手，让孩子爱上吃饭：

（1）大人本身要养成良好的饮食习惯。"言教不如身教。"小孩子的模仿能力极强，如果大人们本身的饮食习惯不合理，或者常常随便以零食果腹，自然没有理由去要求孩子遵守定时吃饭习惯。

（2）促进孩子的食欲。孩子肚子不饿当然吃不下饭。如果父母只一

味地强迫孩子进食，反而会造成不好的影响。可以试着促进孩子的食欲，比如增加他的活动量，他的肚子真正感到饿了，自然不会抗拒吃饭。

（3）选购孩子喜爱的餐具。孩子都喜欢拥有属于自己独有的东西，给孩子买一些绘有可爱图案的餐具，可提高孩子用餐的欲望，如能与孩子一起选购更能达到好效果。

（4）多花心思在菜色、形状上做变化。在饮食均衡的条件下，父母可以用多种类的食物取代平日所吃的单纯的米饭、面条。比如，有时以马铃薯当成主菜，再配上一些蔬菜，也能拥有一顿既营养又丰盛的餐点。还可以偶尔做做咖喱饭、意大利面、饺子、馄饨等，也都是不错的选择。此外，我们也可以把食物弄成小孩子喜欢的形状，搭配上各种色彩，孩子一定愿意去尝试。

（5）让孩子参与做饭的过程。比如，上市场买菜、帮忙提回家、一起清洗水果，等等，也可以征求孩子的意见，请孩子协助你一起做饭。如此，孩子不但能有参与感，同时也能就此了解做饭之前的每样步骤，进而爱上吃饭。

2. 让孩子"睡"出自控力

专门研究睡眠问题的专家通过研究发现，睡眠不足会影响大脑的发育。孩子的大脑处于不断发育的过程中，而脑功能的发育大部分都是在孩子熟睡的状态下进行的。还有研究表明，睡眠不足对孩子的成绩和情绪都会产生极大影响，甚至会导致孩子出现一些异常行为，比如容易多动，情绪变得喜怒无常，容易冲动；还会出现暴饮暴食从而引发肥胖症等。

另外，睡眠长期不足，还会让人产生压力，受到诱惑，注意力也很难集中。那么，为什么睡眠不足会影响人的自控力呢？研究表明，睡眠不足会影响身体和大脑吸收葡萄糖，而葡萄糖是生理能量的主要存储方式。甚至还有研究表明，睡眠不足对大脑的影响就和轻度醉酒差不多，人们在醉酒的状态下，是没有一点儿自控力的。处于幼儿园和小学阶段的孩子，学业任务相对比较轻松，父母应当从小培养他们良好的睡眠习惯，形成早睡早起的生活规律，尽量保证他们每天的睡眠时间都在10小时以上，这样他们的生理能量就能够始终保持充余的状态。

3. 让孩子"运动"出自控力

"生命在于运动"是一句我们从小听到大的话。现在，大量研究发现，运动不仅可以让四肢"发达"，更会让大脑"不简单"。脑科学研究表明，大脑很多部位的发育都跟身体很多部位的运动有关，这里所说的运动，既包括手脚等肢体运动，也包括嘴和面部等肌肉运动。神经学和运动机能学研究专家指出，运动不但有利于生理的发育，还有利于智力的发育。

悉尼麦考瑞大学的心理学家梅甘·奥腾和生物学家肯恩·程通过实验研究得出一个让他们自己都感到无比吃惊的结论，即身体训练能提高自控力。锻炼身体，不但能缓解日常的压力，最重要的是，还能提高心率变异度的基准线，从而改善自控力的生理基础。

神经学家通过对那些经常锻炼身体的人进行研究发现，他们大脑里产生了更多的细胞灰质和白质。其中，白质能迅速有效地连通脑细胞。因此，锻炼身体能让大脑更充实，运转更迅速。而自控力中枢——前额皮质则受益最大。

因此，家长们平时应当鼓励孩子多运动。比如，对婴儿要给他们创造坐、站、爬等运动的机会与条件；对幼儿期的孩子，要带动孩子一起运动，如快走、快爬、跑、跳等，逐渐提高孩子的运动速度、运动反应速度以及灵活性。同时，还可以在运动过程中再加入一些游戏，孩子会更感兴趣。

【家长实践作业】——陪孩子玩多米诺骨牌

　　自控力的培养包括注意力、延迟满足能力、情绪调控能力以及规则意识培养四个方面内容。平时，家长可以和孩子多玩一些培养孩子延迟满足能力的游戏，比如"多米诺骨牌"。在游戏的过程中家长可以提醒孩子：如果多摆一些，推倒的时候就会更壮观。让孩子欣赏到壮观的景象，更能激发孩子的兴趣。

　　需要注意的是，在游戏的过程中，孩子可能会对摆"多米诺骨牌"这个枯燥的过程感到不耐烦，家长可以先给孩子演示一遍，通过诱人的结果来吸引孩子坚持枯燥的过程，并且告诉孩子摆得越多就会越有趣，从而让孩子学会坚持。

第二章
培养孩子自控力，家长必须先要会沟通

父母在与孩子进行沟通时，应把孩子当好朋友一样对待，从内心深处爱孩子，并用语言来表达这种感受，这样孩子就能从内心深处接受这一点，并受你的"控制"。一旦做到了这一点，孩子的自控力自然而然就能提高了。

学会倾听孩子的心声很重要

当父母对孩子表示重视和尊重的时候，孩子就会把心中的郁闷倾诉出来。这样孩子在变得开心的同时，也更乐于和父母沟通交流。这有助于加深孩子对自己的好感，也有助于与孩子的关系更加融洽。

其实，只有真正了解孩子的内心世界，才能从根源上对孩子的某些行为和想法进行明确的指导，进而让孩子有意识地约束自己的某些行为，提高自控力。

许多父母认为，孩子在小的时候，应当对父母的话言听计从。其实，一个好父母不应当采取这样的教育方法。尤其是当孩子渐渐长大，有了自己的思想与主见后，做父母的更应摒弃这种做法。而应倾听孩子的心声，把他当作一个独立的个体，与孩子进行平等的交流，孩子才会快乐地成长。

每个孩子都希望自己的父母可以分享他们的成功、喜悦，分担他们的忧愁、痛苦。同时他们也希望父母可以听听自己的理想、抱负，而不是只爱听"好消息"，不爱听"坏消息"。

譬如，当孩子放学回家后，兴致勃勃地跟父母说起学校里发生的一些趣事时，他们却不愿意听，甚至会怒斥他："你瞎操什么心，小小年纪懂什么，你现在最重要的是学习，其他的事情不必要操心，赶快回房间学习！"长此以往，孩子会认为父母不愿意听他说话，觉得什么事情说了也是白说，还不如将它埋在心里。久而久之，这种消极情绪找不到发泄和化解的渠道，积累到一定程度就可能突然爆发，变成一种对抗情绪，那时父母与孩子沟通起来就更困难了。

因此，父母不但要倾听孩子说话，更要学会如何倾听。在倾听孩子说话时要做到：不急于表达自己的看法，而要尽量让孩子充分地表达他的意见；不随意打断孩子说话，在他一时没接上来时，耐心等一等。这样一来，孩子觉得得到了尊重，也就会把父母当成倾诉的对象，甚至会和父母成为好朋友。

孩子是一个成长中的人，他每时每刻都可能遇到困难，随时都可能遇到迷茫费解的问题，并且他们的情绪非常容易受到干扰：一会儿哭得伤心欲绝，一会儿又笑得阳光灿烂。他们在内心里极其渴望有人能理解他们的感受。所以这时候，孩子需要的不是一个评论家、指导者，而是一个耐心的倾听者。

所以父母们应该明白，倾听的目的，不是看孩子说的对与错，而是用"倾听"的动作来给孩子支持和理解；通过倾听的动作，来表达自己对孩子的爱，让孩子感到他们在这个世界上并不孤独，父母永远是他们心灵的归宿。

所以聪明的父母与其做一个高明的说者，不如做一个高明的听者。

1. 用正确的姿态倾听

父母要想改变孩子"不听话""对着干"等逆反心理，就必须先让自己摆脱传统的教子观念，不要用居高临下的姿态对待孩子，而用平等、真诚的态度与孩子沟通。这样的话，孩子才愿意向父母吐露心声，才能从"不听话"变为听话，从"对着干"变为愉快合作。

一个8岁的孩子经常对同伴这样抱怨："跟妈妈讲话真没意思，她一边干家务一边和我说话，眼睛从来不看我，有时我都不知道她是不是在

听我说话。"

因此，父母在倾听孩子说话时，要做好姿态。

首先是"停"，手上和心理的"停"。即父母要暂时放下正在做和正在想的事情，注视对方，给孩子表达的时间和空间。

其次是"看"。即仔细观察孩子的脸部表情、说话的声调和语气、手势以及其他肢体动作等非语言信息。

最后是"听"。即专心倾听孩子说什么，同时以简短的语句，如"你觉得老师不公平吗""你很生气自己被冤枉吗"等，把孩子的想法和感受引导出来。

也许孩子的行为确实有不对之处，但父母千万不要急于批评和纠正。待孩子说完之后，父母可以这样和孩子沟通，首先去接纳孩子，如"我理解你现在的心情……""我体会到你很伤心……"。然后慢慢地引导孩子，如"有什么方法呢""以后你将会怎样做呢"等，激励孩子思考，并帮助他从错误中走出来。

2. 表现出听的兴趣

当孩子向父母倾诉时，孩子最怕听到的一句话就是"我早知道了"。听到这句话，孩子"说"的欲望全被打消了。

当然，如果孩子经常听到的是父母这样的话"知道了，早知道了，别烦我""该干吗干吗去吧，谁有工夫听你神侃"，那孩子肯定会把自己心灵的大门紧紧关闭，从此有什么事也不会再向父母说。

其实，认真听孩子倾诉也是父母对孩子的一种尊重。做父母的关心孩子，不应只是关心他的冷暖、吃住、学习，还要关心他感兴趣的事。对孩子所讲的事情表现出兴趣，孩子就会愿意和父母进行交流。

因此，当孩子对你说某件好玩的事情时，父母一定要表现出兴趣，认真地听，并把这种认真的态度传达给孩子。可以用以下方法传达：

（1）运用表情变化来传达。比如保持微笑，并常常做出吃惊的样子。孩子一般最希望看到大人对自己所说的事情表示出吃惊的表情，因为能把大人吓住，说明自己很有本事。

（2）语言表达。在倾听孩子说话的过程中，用简单的诸如"太好了""真是这样吗""我跟你想的一样""你的想法太好了，请继续说""我简直不敢相信"等话语来表示你的兴趣。

你会发现，不论孩子的话题多么简单，如果你想要表现出有兴趣的姿态，那么兴趣就会自然而然地产生出来。如果你总是沉着脸，一言不发，一副漫不经心的样子，就会令孩子十分失望。慢慢地，他就会养成对什么事都漠不关心的坏毛病。那些在课堂上发呆、不爱发言的孩子，幼年时很可能就缺少好的听众。孩子从小没有感受过自己语言的魅力，必定会对自己的语言表达能力失去应有的信心。

3. 再忙也要听孩子说

"我妈从来不愿意听我说话，她每天说得最多的话就是，'我很忙！'"

"我家里人很少在一起说话聊天，每天都是自己忙自己的事情，在家一点都没有意思！"

"我和爸爸根本无话可说，他好像也不喜欢和我说话，所以我只好上网聊天了。"

其实，在孩子的内心深处，他们是很希望与父母交流的。孩子有高兴的事，首先想到的是告诉父母，与父母分享快乐；如果有烦恼的事，也很想得到父母的开导和帮助。但是，大多数父母都没有与孩子交流的习惯，他们总是说"我很忙，哪有时间听你说个没完呀"。

于是，在这种观念下，父母与孩子之间的代沟会随着孩子的长大而越来越深。

"每天暂停十分钟，听听少年心底梦"，这是一则公益广告，它通

俗地讲出了家长要善于倾听孩子诉说的重要性。

对大多数父母来说，每天抽出一点儿时间，哪怕只有十分钟，并不是一件困难的事情。妈妈可以在做饭的时候，让孩子一边帮自己择菜，一边与孩子聊聊在学校的事情；爸爸可以在孩子睡前的十分钟，听他们唠叨一下与同学之间的关系……听孩子诉说，是帮助孩子成长的一个很好的途径，也是做父母的一份责任，父母应给予足够的重视。

4. 不要打断孩子的话

一次偶然的机会，妈妈问杉杉："你长大后要做什么呀？"

杉杉歪着小脑袋想了好一会，然后低着头告诉妈妈："妈妈，我想做小偷。"

妈妈有些惊讶，但更多的是气愤，心想真是个不争气的孩子，做什么不好，偏偏想要做小偷。刚想训斥她，但看她低着头的样子，突然强烈地想知道孩子产生这种想法的原因。于是，她控制住自己的怒气，语气温和地问孩子："能告诉妈妈你为什么想做小偷吗？"

杉杉有点不好意思了，她结巴着说："我，我想偷走夏天的太阳送给妈妈，这样妈妈的冻疮就不会复发了。"妈妈的眼里闪出了泪光，情不自禁地将女儿拥入怀中。后来，杉杉的妈妈跟别人说起这件事时，仍然很激动："当时我真的很庆幸自己多问了一个为什么，庆幸自己倾听了孩子的心声，否则我不仅错怪了孩子，更为可怕的是我会伤害一颗善良而又纯真的心灵。"

每个孩子的心灵都是纯洁的，当他们在讲述自己奇怪的想法时，父母千万不要打断他们的话。随意打断孩子的话，不仅是不尊重他们的表现，更有可能使孩子关闭心灵的大门，从此拒绝与你沟通。

5. 倾听孩子的委屈

苗苗放学一回家就向妈妈哭诉："妈妈，我恨老师。"

妈妈看着女儿委屈的样子，赶忙放下手中的家务，一边给女儿擦眼泪一边问："看你伤心的样子，能告诉妈妈为什么吗？"

"老师让我读课文，有一个多音字，我没注意读错了，老师当众指出了我的错误，同学们都笑我，搞得我很没面子。"苗苗很伤心地告诉妈妈。

妈妈刚想好好安慰一下女儿，这时电话铃声响起了，苗苗马上停止了哭泣，很认真地对妈妈说："妈妈，谢谢你听我说话，我没事了。我和小欣约好了要去公园玩，我玩一会就回来。"

当孩子跟父母诉说自己的委屈时，做父母的应该如何面对呢？

首先，父母要认真地听孩子讲述事情的整个过程。也许孩子只是想找一个倾听者，他们诉说完，心里就会舒服了，也许用不了很久就会忘掉这些委屈。这时，父母需要做的仅仅是听就可以了。

有时，孩子还需要安慰。听孩子诉说完自己的委屈，父母可以这样说："这肯定让你感到非常难受。"这时，父母不要做任何判断，先直接把孩子的感受说出来，这样可以让孩子感觉找到了心理依托，会很信任你。

接着，父母可以继续开导孩子。如可以这样说："我记得我在你这个年纪的时候也被别的同学嘲笑过。"为什么要这么说呢？因为孩子受到委屈后会感到非常孤单，当听说父母小时候也有过同样的经历时，他会觉得自己不那么孤立，同时他也会愿意继续听父母说下去。

如果真的爱孩子，就让他走自己的路

在孩子成长的道路上，存在着一个爱的陷阱，这就是父母对孩子的过分爱护。掉进这个陷阱的孩子由于被剥夺了犯错误和改正错误的机会，从而也失去了培养自控力的机会。

一位母亲为他的孩子伤透了心，她不得不去找青少年问题专家咨询。

专家问："孩子系鞋带的时候打了一个死结，您是不是不再给他买带鞋带的鞋了？"母亲点了点头。专家又问："孩子第一次洗碗弄湿了衣服，您是不是不再让他走近洗碗池？"母亲点头称是。专家接着说："孩子第一次整理自己的床用了一个小时，您嫌他笨手笨脚，对吗？"

这位母亲惊愕了，从椅子上站起来，凑近专家问："您怎么知道的？"专家说："从那根鞋带知道的。"母亲问："以后我该怎么办？"专家说："当他生病的时候，您最好带他去医院；他要结婚的时候，您最好给他准备好房子；他没钱时，您最好给他送去。这是您今后最好的选择，别的，我也无能为力。"

再来看一则事例：

在国内某大学，曾经发生过这样一件事，一位即将毕业的物理系高才生，因成绩出类拔萃，被学校选送到美国某名牌大学深造。谁知该大学生却一口回绝，说什么也不愿出国。拒绝的原因说来令人难以置信：他不会洗衣服、不会买东西、不会烧饭、不懂得与别人交往，也就是说，他根本无法独立生活。大学四年中，他的衣服、铺盖都是妈妈定期到学校来取回去清洗。

很显然，这位大学生是在其父母的过分保护下成长起来的。所谓过分保护，是指父母亲对子女的一切大包大揽、包办代替，像老母鸡护小鸡崽儿一样，始终将子女护在自己的羽翼之下，他们不舍得让孩子做力所能及的事情。还有的父母出于望子成龙之心，将子女活动的范围完全限制在自己的视线之内，在某些地方，他们对子女实行了直接、甚至完全的控制，用各种清规戒律来约束孩子的意志行动，没完没了地纠正和指责，生怕孩子越出雷池一步就会出差错。殊不知，这种过分保护做法将严重干扰孩子身心的正常发展，导致严重的负面影响：一方面过分保护会使孩子失去锻炼、成长的机会；另一方面过分保护也使孩子感到能力缺乏，因而对自己失去信心。

一个总是依附父母成长的人，永远都无法学会独立面对社会，更无法自己独立生活，最终失去自主性和自我控制的能力。从这个角度来看，父母无微不至的呵护与爱，其实就是一种伤害。

孩子们需要一定的空间去成长，去验证自己的能力，去应对危险的局势。作为父母，不要为孩子做任何他自己可以做的事。如果我们过多地做，就剥夺了孩子锻炼发展自己的机会，也剥夺了他自立能力的形成和自信心的建立。

明智的父母，应当鼓励孩子持有自信心，让孩子根据自己的条件，尽量地培养自理能力，发挥自己的潜能，使自信心在能力的支柱上成长。

一位初三的学生曾给"知心姐姐"写过一封信，信中说："妈妈，您为了让我一心一意地学习，平时什么活都不让我干。每到节假日，我总想帮您做点家务活儿，但您却说：'不用你干，你只要努力认真学习，就算帮了妈妈的忙了。'一个星期天，您从街上买菜回来，我高兴地想帮您择

菜，您却说：'你放下吧！下星期测验多考几分就行了。'我心里明白，您这是责怪我单元考试名次没有排在前面。我扔下菜，跑回自己的房里伤心地哭了。妈妈，您对女儿学习生活的关心照顾是'无微不至'的，然而，您知道吗？您的女儿多么想求得您对女儿的理解，多么希望您不再像保姆似的'关照'我，'代替'我，而是像舵手一样用您那丰富的生活经验为我指引航向，让我在大千世界的海洋里搏击、奋斗、成长。"

这位女孩的肺腑之言，说出了许许多多孩子的心里话。过度的爱护更易伤害孩子，正像歌中所唱："不经历风雨，怎么见彩虹。"父母应该适当地放开双手，让孩子去"经风雨、见彩虹"，不要一直把孩子困在自己的羽翼之下。

蒙台梭利曾经说过："每一个独立了的儿童，他们懂得自己照顾自己，他们不用帮助就知道怎样穿鞋子，怎样穿衣服，怎样脱衣服，在他的欢乐中，映照出人类的尊严。因为人类的尊严，是从一个人的独立自主的情操中产生的。"

虽然孩子需要母亲怀胎十月，靠父母的辛勤养育才能长大成人，然而作为独立的人，应该是拥有独立人格，并能承担相应的责任。就像《圣经》里所讲的那样："你们要知道，你们的孩子并不是你们的，他是上帝派来的天使，你们只是负责照顾。"

因此，父母们要明白，孩子是一个独立的人，他不属于任何人，他属于整个世界。如果你们真的爱自己的孩子，就要放开双手，让他们走自己的路。成长的路上，他能够依靠的只有他自己，而我们只需要扮演好一个陪伴孩子成长的父母角色，并为每一次进步鼓掌。

不过度指挥孩子，孩子才能学会"自控"

很多人认为，自控力不强的孩子，都是因为父母缺少对孩子的管教、控制所致。的确，有很多孩子缺乏自控力是这方面的原因导致的。但并不完全如此，还有一部分缺乏自控力的孩子，恰恰是因为他们的父母走向了另一个极端：时时刻刻都在监控孩子的一举一动，甚至用暴力或威胁的方法强力控制孩子的行为，强迫他们服从父母的权威。这样，孩子在父母的严加"管教"之下，完全丧失了学习自我控制的机会，只会盲目、被动地顺从他人的意志，当然他们也就不可能学会"自控"了。

宁宁刚上小学一年级，妈妈就给他准备好了房间，说是给孩子一个独立的空间。宁宁从学校刚回到家中，妈妈就开始管束宁宁：不能看动画片，不能玩玩具，要先把作业做好，然后再做妈妈给他买的课外练习。

宁宁虽然不满意，可还是坐在自己的小桌前，磨磨蹭蹭地开始写作业。妈妈不放心，过10分钟就进来检查宁宁做作业的进度。宁宁虽然很反感妈妈的做法，但也只是敢怒不敢言。

在孩子很小时，有的父母就会为孩子准备属于他自己的房间，而且在孩子的房间里，有着最豪华的设备。他们以为这样就可以让孩子在自己的空间里安心地玩乐，安心地做作业了。可是父母是否会想到，孩子

需要的不仅仅是形式上独立的房间，更要有属于自己的、自由的遐想空间。

和成年人一样，孩子们也需要有自己可以支配的时间，有自己能自由玩耍的空间。如果时间上全由父母安排，空间也由父母支配，孩子只是去执行，那么孩子的自主性就永远不会被培养出来。

父母应该认识到，孩子是一个自由的人，他们有自己的思想、兴趣和爱好。现在的父母把目光和爱都聚集在孩子身上，对孩子监护过度，以致孩子完全没有个人空间，一举一动都在父母的关注与监护之下。父母按照自己的意志，想把孩子培养成自己心中设想的样子。这样一来，父母的爱就会成为一种巨大的压力，使孩子无所适从，进而失去自我。

孩子不是物品，不是可以随意摆放的东西。孩子是有思想的个体，是需要在宽松环境里健康成长的人。作为父母，你了解孩子的需求吗？你知道该怎么样陪伴孩子快乐地成长吗？包办一切的爱会使孩子失去自我，失去独立思考的机会，失去锻炼的机会，最终使孩子无法制定和实现自己的人生目标，对生活感到迷惘。在这种环境下成长的孩子会非常痛苦，相信这也不是父母们希望看到的。

的确，孩子需要一定的规则与限制才能健康地成长。可是，父母对孩子的管教也是需要把握好度的。如果说放任自流是对孩子的不负责任，那么过度管教同样也是对孩子不负责任的表现。当父母以"管教之名"行"控制之实"时，孩子就会失去自我成长、自我约束的机会。如果父母不给孩子自由成长的机会，孩子就会缺少独立的精神和责任感，最终就会变成一个怯懦无能的人。因此，每个父母都应该从以下几个方面改变一下自己：

1. 放下权威架子，尊重孩子的人格

父母应放下权威的架子，把自己放在和孩子平等的位置上，真正做

到尊重孩子；更不要把自己的想法强加给孩子，只是提出想法和建议，让孩子自己选择。

很多父母之所以不让孩子自主选择，是因为担心他不能正确地选择。但是，孩子需要在错误中成长，父母应该给予孩子充分的信任。

当父母的想法跟孩子有冲突的时候，不妨换位思考一下：如果有人不尊重我而只是要我听话，我会是什么感受呢？这样就会更多地理解孩子的行为和想法了。

2. 不要对孩子过度关照

父母对孩子事无巨细都包办代替、照顾过头，对孩子来说绝不是什么好事。孩子一旦习惯了"饭来张口，衣来伸手"的生活，就会变得有大脑而不去用，有手脚而不去动，也不参加任何实践活动，只是被动地接受。这样的孩子不会做家务，生活不能自理，一旦离开妈父母、家庭就会感到寸步难行，不知所措。父母适当的关心和照顾有利于孩子的健康成长，一旦照顾过了头，就会带来上述的种种问题。

3. 用宽容的眼光看待孩子的成长

孩子是稚嫩的、不成熟的、容易犯错误的。回顾他们成长的过程，正是一连串的犯错误和改正错误的过程。爱因斯坦曾说："谅解也是教育。"对孩子的过错能宽容理解是优秀父母必须具备的心理品质。宽容使父母走进孩子的内心，变成孩子可亲可敬、可以推心置腹的朋友，从而顺利帮助孩子健康成长。宽容也使孩子不会失去积极寻求"开门"方法的乐趣，变得自立自信、勇敢坚强。

4. 不要用命令的口气和孩子说话

父母应对孩子少使用命令的口气，而多一些商量的方式。这样就会

使孩子消减对父母的抵触情绪，从而在父母与孩子之间营造出一种温馨友爱的氛围。这样做不但体现了父母的修养与教养有方，也会使孩子变得更加懂事、可爱。

表扬不是越多越好

随着社会的进步，独生子女家庭越来越多，以孩子为中心，一切围绕孩子的抚养观念成为父母的通则。他们认为表扬有利于孩子养成好的行为习惯，但由于他们对这种表扬的本质的理解存在着片面性，所以容易走向极端。

确实，恰如其分的表扬，有利于孩子的健康成长，在增强他们信心的同时，还会鼓励他们自觉控制自己的行为始终朝好的方向发展，从而提高自控力。然而，表扬也是一门艺术，并不是越多越好。太多的表扬会造成孩子浮躁的心理，会使他们养成浅尝辄止的态度：过于自信，盲目乐观，把握不住生活和学习的方向，久而久之，他们也就不会在乎表扬了。由此可见，一味地表扬就跟一味地批评一样，效果会适得其反。

芳芳上小学的时候，作文成绩特别好。为了能让女儿充分发挥自己的特长，每次芳芳在写作文的时候，妈妈总是不忘了说一句"你写得可真好"。刚开始的时候，芳芳听见妈妈夸赞自己，写得就更来劲儿了。但是随着夸赞次数的增加，芳芳渐渐对妈妈夸赞的言语感到了厌烦。

有时候，妈妈在一旁夸个不停，她就会放下手中的笔，直愣愣地看着妈妈一言不发，直到妈妈知趣离开后，她才将笔拿起来重新构思作文。芳芳在日记中曾写道："妈妈不厌其烦的夸奖让我渐渐失去了写作的兴趣，

我现在真是烦透了。"

批评和表扬对孩子而言是同样重要的，表扬过度也有害。赞美太容易得到，人生就会失去意义，失去动力。孩子过多地被吹捧、被肯定，会让他们失去防御能力，反而更容易受到伤害。对于孩子的好成绩，父母既不能毫无表示，让他觉得不受重视，也不能过度赞扬，让他失去正确的方向。所以，父母在表扬孩子的时候就要注意把握好一个度。

1. 表扬要及时

对应表扬的行为，父母要及时表扬，还要指出表扬的原因。否则，孩子会弄不清楚为什么受到了表扬，因而对这个表扬不会有什么印象，更提不到强化好的行为了。因为在孩子的心目中，事情的因果关系是紧密联系在一起的，年龄越小，越是如此。

2. 表扬要具体

表扬得越具体，孩子越容易明白哪些是好的行为，越容易找准努力的方向。例如，孩子看完书后，自己把书放回原处，摆放整齐。如果这时家长只是说："你今天表现得不错。"表扬的效果会大打折扣，因为孩子不明白"不错"指什么。你不妨说："你自己把书收拾这么整齐，我真高兴！"一些泛泛地表扬，如"你真聪明""你真棒"虽然暂时能提高孩子的自信心，但孩子不明白自己好在哪里，为什么受表扬，且容易养成骄傲、听不得半点批评的坏习惯。

3. 表扬不仅要看结果，还要看见过程

孩子常"好心"办"坏事"。例如，孩子想"自己的事自己干"，吃完饭后，自己去刷碗，不小心把碗打破了。这时家长不分青红皂白一

顿批评，孩子也许就不敢尝试自己做事了。如果家长冷静下来说："你想自己做事很好，但厨房路滑，要小心！"孩子的心情就放松了，不仅喜欢自己的事自己做，还会非常乐意帮你去干其他家务。因此只要孩子是"好心"就要表扬，再帮他分析造成"坏事"的原因，告诉他如何改进，这样会收到较好的效果。

4. 要表扬，更要鞭策

当孩子取得一点小成就的时候，有的妈妈会对其大加表扬，其实她们犯了这样一个错误：只表扬，不鞭策，只看到了孩子的成绩，却看不到孩子尚存在的不足。这样会使孩子误会妈妈的意图，认为妈妈对自己的成绩已经很满意了，他可能因此会忘记自己的不足，从而变得骄傲自满。妈妈要让孩子知道，考第一、当班长、得奖状都不是终极的成就，也不是人生唯一的目的，不断进步和超越自己比得意于眼前的成绩更有意义。

最后，需要家长们注意的是，表扬最好在良好行为之后进行，而不是事先许诺，从而增强儿童良好行为发生的自觉性。

恰当的批评才能达到预期的教育目的

孩子在成长的过程中难免会犯一些错误，批评孩子可以说是所有为人父母者的必修课。但是，批评孩子也是有技巧的，如果家长稍不注意就很容易影响到孩子心理健康的发展。

如果父母批评孩子不分时间、地点，或采用不适宜的方式批评孩子，甚至把批评变成对孩子的情感虐待，这些惩罚方式就有可能使孩子的性格变得自卑、孤僻，激起他们的逆反心理，甚至批评后他们还是会不以为然、我行我素，这便与教育的初衷背道而驰。

批评孩子一定要让他心服口服，这样才能达到教育的目的，因此，为了取得良好效果，就得讲究批评的艺术。恰到好处的批评，同样可以引导孩子有意识地杜断某些不良行为的发生，提高自控力。

在这方面，著名教育家陶行知先生堪称世人的楷模，他曾经说过一段话："在教育孩子时，批评比表扬还要高深，因为批评一定要讲究方法，这是一门艺术，用得好，它比表扬的效果还有用处。"

父母可以从他"奖励四块糖"的故事中，获得深刻的启示。

当年陶行知任育才学校的校长。一天，他看到一名男生用砖头砸同学，遂将其制止，并责令他到校长室接受批评。

陶先生回到办公室，见男生已在等候。陶先生掏出一块糖递给他说："这是奖励你的，因为你比我早到了。"接着又摸出一块糖给他："这也是奖励你的，我不让你打同学，你立即住手，说明很尊重我。"男生将信将疑地接过糖果。

陶先生又说："据了解，你打同学是因为他欺负女生，说明你有正义感。"陶先生遂掏出第三块糖给他。

这时男生哭着说："校长，我错了，同学再不对，我也不能采取这种方式。"

陶先生又拿出第四块糖说："你已认错，再奖你一块，我们谈话也该结束了。"

这个故事虽然简短，却形象地告诉我们，批评孩子也要找对方法。许多妈妈喜欢用疾风暴雨般的批评方式，有的妈妈说："训斥或臭骂他一顿，我自己也挺解恨，这孩子太气人了！"诚然，这种大发脾气式批评可能会收到暂时的效果，但它只是表面的。

随着时间的推移，孩子一天天地长大，父母会痛苦地发现，孩子对父母这种近乎原始的批评方式越来越无所谓，有的孩子会说："我妈妈就会说这几句话，她批评我第一句，我就知道她第二句要说什么，没啥新鲜的。"

为什么孩子会有这样的反应呢，那就是批评方法有问题。因为你的批评没有让孩子从内心深处接受，孩子只是因为惧怕你的威力而临时做做样子而已，这样的批评就达不到教育的目的和效果。

批评孩子是一门特殊的艺术，它需要特殊的方法和技巧。因此，批评孩子的时候要注意以下几点：

1. 不要随意批评孩子

有的父母凭着自己的喜怒随意批评孩子，同样的行为有时遭批评，有时则随他去。这会使孩子以为只要父母心情好，做错事不要紧，要是父母心情不好时，做任何事都有可能挨训。

父母的这种做法，往往使孩子很迷惑，或者使他专看父母脸色办事。批评不仅没有起什么效果，反而会模糊孩子的是非观念。

2. 让孩子自己发现错误

对孩子来说，自己发现错误，才算真正地"明白了"问题。比如当孩子出现不良行为时，父母可以不马上指出哪里错了，而是要耐心地启发孩子："这样做，对吗？""你对自己做的事是怎么想的"，让孩子冷静地反省，当他明白错在哪里了，他就会愿意承认自己的错误。

3. 避免当众批评孩子

当众批评往往容易伤害孩子的自尊，引起孩子的厌烦心理。

有些父母认为，当着别人批评孩子，可以更好地激发孩子的自尊，刺激孩子改正错误，但孩子的心灵是脆弱的，他们往往更容易受到伤害。

4. 批评孩子要对事不对人

父母批评教育孩子时，应该尊重孩子的人格，对事不对人，不能因为一两次的小错误就否定孩子以前的努力，更不能搞大清算，把孩子以前所犯的错误一一列举出来，将孩子批评得体无完肤。

父母只需明白地告诉孩子，这件事情做得不好，错在什么地方，以后要注意改正，这就足以让孩子认识自己的错误了。

5. 批评孩子要点到为止

批评孩子不能没完没了、唠唠叨叨，这种批评往往会引起孩子的反感。作为父母，只需指出孩子的错误所在，让他有所醒悟，并下决心改正就可以了。

6. 批评孩子要及时

孩子的时间观念比较差，昨天发生的事，仿佛已经过了好些天了，加上孩子天性好玩，刚犯的错误转眼就忘了。因此，父母批评孩子要趁热打铁，不能拖拉，否则就起不到应有的教育作用。

7. 不要对孩子"翻旧账"

父母教育孩子要就事论事。就算孩子在一个问题上总是犯错误，因为那样会让孩子觉得在父母面前无法翻身，很容易伤害他们的自尊心。另外，也不能在批评一件事情的时候又提起了一个其他的错误，这样做只会让父母的谈话更加缺少中心，不仅不能提高孩子对这件事情的认识，还会让孩子对父母的批评心不在焉。

8. 对孩子的批评中还要带有肯定

每个孩子都渴望得到赏识和肯定，父母批评孩子时，也应该设法寻找孩子的闪光点，肯定孩子以前的努力和成绩，批评中的肯定是最有效的批评，不仅可以督促孩子改正错误，还可以帮孩子建立自信。

9. 给孩子指出改正的方法

有的父母批评孩子时，没有指明改正的方向和具体方法，只是单纯在指责孩子这不对，那也不对，孩子听了大半天之后，还不知道应该怎么去做，这种批评是没用的。批评时不应把重点放在"错误"上，而是应引导孩子对错误行为进行补救。例如，孩子与同学发生冲突，如果错在自家孩子，父母除了要严厉批评之外，还要让孩子主动向对方道歉，弥补在对方身上所造成的有害影响等。总之，父母必须把改正方法说明，而且要多说"做什么"，少说"别做什么"。

教育需要智慧的"惩罚"，而不是体罚

孩子在成长的过程中，难免会有各种各样让父母气愤，甚至束手无策的时候。教育孩子需要奖励与惩罚手段并行，因此，惩罚也是教育过程中，让孩子认识错误的必要手段，智慧的惩罚不仅会让孩子自觉改正错误，还有利于提高他们控制不良行为发生的控制力。但是，父母应当知道的是，惩罚也是应该讲究智慧的。

中国有两句古话，"棍棒底下出孝子""不打不成器"，但实际上有大量的研究证明打孩子是愚蠢的，打孩子的后果是严重的。

大多数打孩子的父母都说打孩子是为了孩子好，但是结果往往并没有帮助孩子，反而给孩子的身心造成了极大的伤害。孩子感受到的最大伤害不是皮肉之苦，而是人格上的侮辱以及精神上的伤害，他会产生一种怨恨。所以说，打骂对孩子的发展是非常不利的。

英国教育家赫伯特·斯宾塞在《斯宾塞的快乐教育》一书中曾说："在培养孩子道德品质的过程中，父母应该更多地采用自然教育法，少用人为惩罚。"那么，究竟什么是自然惩罚和人为惩罚呢？斯宾塞认为，当孩子认识到自己错误的行为所产生的自然后果后，吸取这方面的经验，以后不再犯，就是自然惩罚。人为惩罚则是指，父母明确地指出孩子的错误，并对他们进行严厉的惩罚。另外，他还提出，体罚是一种极端的人为惩罚方式，父母应当慎用。父母要知道，这绝对不是主要的教育手段，而且也不要认为只靠这个方法就能把孩子培养成才。

作为父母要明白，惩罚的真正目的是要让孩子进行自我反省，认识到错误，然后改正自己的行为。如果没有达到这个目的，那实施的惩罚就没有任何意义。

下面这个案例中，韦尔登校长惩罚孩子的方式则很好地说明了：如果惩罚得智慧，就很可能因此铸就孩子成功的人生，值得所有父母借鉴。

约翰·麦克劳德是英国著名的生物学家、解剖生理学家、诺贝尔生理学医学奖得主。他在上小学的时候特别调皮。有一天，他突发奇想，想看看狗的内脏长什么样，于是他和几个小伙伴偷了一条狗，然后把它杀了。

没想到这条狗是校长韦尔登家的宠物。当校长知道自己心爱的狗被麦克劳德杀了之后非常生气，但他还是强忍住心中的愤怒，向麦克劳德问道："你为什么要杀这条狗？"

麦克劳德回答说："我只是想看看狗的内脏长什么样，想知道它为什么会跑。"

校长听完恍然大悟，原来是好奇心驱使这个小男孩杀了这条狗。

他接着问道："那你看到了什么？"

麦克劳德回答说："它肚子里有心、肝、肺、胃和肠，腿里面有关节、肌肉和筋。它就是依靠筋来拉动关节才动起来的。"

校长听他说得很有道理，不过仍然决定得惩罚一下这个小男孩。他的惩罚方法独创一格，即罚麦克劳德画一张骨骼结构图和一张血液循环图。

麦克劳德知道犯了错误没法逃避，只好认真地把两幅图画好，并交给了校长。校长看后十分满意，决定不再追究这件事。

事后，麦克劳德被校长的宽容打动，决定发奋研究解剖学，终于在自己的努力下成了一位著名的解剖生理学家，并获得了诺贝尔奖的殊荣。

麦克劳德每当谈到自己成功的原因时，总会提及校长对他的那次惩罚。他说就是因为校长那特殊的惩罚，才让自己对医学产生了浓厚的兴趣。原本以为校长会把自己开除或者采用粗暴的惩罚手段，可是没想到他并没有那样做，而是给学生留下了改正错误的空间。

韦尔登校长这种智慧的惩罚，不但保护了麦克劳德的好奇心，还培养了他将来从事科学研究不怕犯错、善于改错的良好品质。

那么，当孩子犯了错误时，父母应该怎样做才是智慧的惩罚呢？

1. 尊重孩子的权利

父母要学会用文明的方法对待孩子，用爱呼唤爱，用真情呼唤真情。因为孩子作为独立的个体，有被尊重的权利，拳脚相加是一种不道德、不文明的行为。要知道父母可以批评、惩罚孩子，并不意味着就可以不尊重孩子。我们可以找到更好的办法让孩子改正错误。

打孩子既是违法的，也是不明智的，而且有可能使问题恶化。这世界上几乎没有一个孩子是被打好的。因为当孩子被打得多了，他的思维就会僵化，学习也将只是应付，何况打孩子还影响亲子关系，关系不好教育就更难了。所以一定要善待孩子，将心比心是做好教育的最简易方法。

2. 事先把后果跟孩子说清楚

惩罚的措施和后果，本身就具有一定的预防作用，可以起到威胁的效果。如果父母事先跟孩子进行充分的沟通，把后果跟孩子说清楚，那孩子自然也就明白哪些事情不能做、做了会有什么惩罚等，这样无形之中就会增加一道心理防线，从而自觉抵御犯错的冲动。

3. 让孩子立刻体验犯错的后果

对于惩罚来说，立刻执行是确保惩罚有效的关键。一般来说，如果孩子一旦犯了错误后立刻能体验到犯错的后果，那么他对这件事情的记忆就会更加深刻，就不容易出现我们常常说的"好了伤疤忘了痛"的情况。

4. 父母要保持一致

面对同样的错误，不能今天惩罚，明天又不惩罚，这样孩子就会糊涂，不知道到底何为对与错。另外，给孩子定规矩、提要求时，父母也要保持一致，惩罚要有同样的原因，要使用同样的方式。

5. 不要带着"坏情绪"教育孩子

很多时候，孩子最初的行为并没有那么糟糕，却因为我们在惩罚时加入了自己的情绪，才让问题变得更加复杂，最后弄得不可收拾。因此，当你发怒的时候，千万要注意，给自己立一个规矩，先从1数到100。数数的过程就是一个让人冷静的过程，冷静下来教育孩子才会理智。

不管怎样，父母要想帮助孩子发展自控力，在惩罚孩子之前，父母首先应该保持冷静，控制好自己的情绪，理性地面对孩子的不良行为，冷静地思考一下，用其他更好的方式来代替打骂，打骂只能说明父母欠缺教育的智慧。

【家长实践作业】——带孩子去超市购物

　　休息日带孩子去超市购物之前，要提前和孩子约法三章，规定他只能挑选一样或两样东西。如果孩子不同意，就取消他参与购物的"资格"。

　　孩子想买的东西可能会很多，在他决定要买东西时，家长可以提醒他，一定要按照事先约定好的数量结束这次选购。

第三章

做自己情绪的主人，让孩子先成人后成才

发展心理学家认为，情绪调控能力是情绪智力的重要品质之一，这种能力能及时摆脱不良情绪，保持积极的心境，既能影响社会能力的发展，又是衡量自控力的一项重要指标。在儿童中期，我们可以通过一些方法和策略，帮助孩子形成初步的情绪调控能力，从而让孩子逐渐学会更好地管理自己的情绪。

培养儿童情绪调控的重要性

美国心理学专家、情商之父丹尼尔·戈尔曼在《情商》一书中提出："如果你不能控制自己的情绪，如果你没有自我认识，如果你不能管理自己的负面情绪，如果你不能推己及人并拥有有效的人际关系，无论你多么聪明，都不可能走得很远。"可见情绪管理对人的一生有着非常重要的作用。

据儿童教育学最新研究指出：6岁以前的情感经验对人的一生具有恒久的影响，孩子如果此时无法集中注意力，性格急躁、易怒、悲观、具破坏性，或者孤独、焦虑，对自己不满意等，会很大程度地影响其今后的个性发展和品格培养。而且，如果负面情绪常出现而且持续不断，就会对个人产生持久的负面影响，进而影响孩子的身心健康与人际关系的发展。

所以，作为父母的你，有一项很重要的工作就是及早重视孩子的情感要求并对孩子情绪做出正确的引导，帮助孩子认识、了解和控制自己的情绪，学会理解他人，即为孩子做好"情绪管理"，让孩子从小就拥有优质的情商。

这里所提到的"情绪管理"，是时下最流行的教育方式之一，即通过情绪管理教育，让孩子学会倾诉和表达快乐、悲伤、紧张、胆小等各种情绪，把情绪唤醒的体验和情绪表达的强度调节到恰当水平，以便成功实现个人目标。

　　同时，教育孩子学会聆听别人谈话、欣赏别人优点、对待生活中得失等。这不但有利于孩子的身心健康发展，还会有助于提高孩子的人际关系与解决问题的能力，帮助孩子形成良好的心理品质，而这一切，也是奠定孩子成功人生的基础。

情绪的分类

在情绪的发展研究中，一般把人类的情绪分为基本情绪（原始情绪）和自我意识情绪（二级情绪）两大类。

基本情绪是指那些存在于人类与其他动物身上的情绪。之所以称为"基本的"，是因为它们有着很强的生理基础，研究表明，婴儿在生命最初的9个月里，已经可以表达出大多数的基本情绪。基本情绪包括高兴、愤怒、哀伤、吃惊、恐惧和厌恶等六个方面（简称为喜、怒、哀、惊、惧、厌），通过面部表情就可以识别出来。

自我意识情绪是个体在具有一定自我评价的基础上，通过自我反思而产生的情绪。它们的出现晚于基本情绪，在动物身上表现得并不明显。自我表征、自我觉察、自我评价过程的卷入是自我意识情绪产生的重要条件。对个体行为进行自我调节、服务于人际交流、人际互惠和个体心理内部需要是自我意识情绪具有的主要功能。自我意识情绪是随着认知的发展而逐渐形成和发展的，并会受到文化的影响。

研究表明，自我意识情绪的表达不仅含有面部的情绪表达，还有头部的运动、胳膊的姿势等肢体动作。自我意识情绪出现的时间要迟于基本情绪，一般都要到18～24个月时才会产生，更复杂的自我意识情绪，如羞耻、内疚和自豪，大约要在3岁末时才会出现，比如在感受到成功的体验后，儿童会表现出自豪的情感。

出生后3个月内，进行正式的情绪交流

孩子出生后，身上表现出的3种最基本情绪是：高兴、愤怒和害怕。这3种基本情绪就好比色彩中的三原色一样，与人种和文化无关。这时家长可以通过孩子的主观感觉、身体上的生理变化以及行为变化来判断孩子的情绪。

比如，当孩子被巨大的声响惊吓到时，随着恐惧（主观感受）心跳加快（身体反应），随即哇哇大哭起来（行为变化）。

孩子出生2～3个月时，当妈妈对他微笑时，他也会报以甜甜的笑，有时对别人也会主动微笑，这便是"社会型微笑"。有时，这种微笑还会伴着友好的"咿呀"学语的声音。

孩子出生3个月时，就可以辨认出爸爸妈妈的脸了。此时父母感受到的喜悦应该是无与伦比的。当孩子眨着眼睛，望着爸爸妈妈突然灿烂一笑时，父母就会感受到什么叫天伦之乐。

这个阶段的孩子已经会观察爸爸妈妈的表情了，而且开始模仿。如果爸爸妈妈的声音高昂且吐字清晰，孩子也会表示关注，偶尔会伴随着表情。虽然孩子还不会说话，但能用"咿呀"的方式，用和爸爸妈妈相等的语调进行模仿。

当孩子开始辨认父母的面孔，懂得做出表情与模仿说话时，父母就应该积极地接纳和回应孩子的情绪。因为孩子通过观察，意识到爸爸妈

妈对自己的关心时，情绪上就会感到安定。

　　需要注意的是，刺激要适度，如果过大则不利于孩子的发育。这个阶段的孩子已经具备了一点儿调节身体兴奋反应的能力，所以一旦受到过度的刺激，就会发出信号。不管是好的还是坏的刺激，只要超过了适度的程度，孩子就会扭过头去或做出冷漠的表情，不再对此感兴趣，有时还会皱眉头或用手推开大人，甚至哭泣。孩子通过这种自我调整能力，能让大脑和身体获得休息。

　　如果家长为了促进孩子的大脑发育，经常刺激孩子的五感（即人的5种感觉器官：视觉、听觉、触觉、味觉和嗅觉），一下子给孩子太多的玩具玩或长时间地刺激孩子，孩子就会用自己的表情或行为动作来表示"暂停"。这就好比好吃的食物，一旦过剩也会变成痛苦的事情一样，孩子的大脑会觉得一时难以承受这么多刺激。

　　因此，一旦孩子表现出对刺激无法承受的信号时，家长就应该见好就收，这样孩子才会逐渐产生调节自我情绪的能力。倘若家长不顾及孩子发出的信号，继续施以更大的刺激，孩子不但难以接受，还会失去学会停止刺激方式的机会。

　　与此阶段的孩子进行沟通时，建议父母们通过感觉来进行。对孩子说话时，妈妈最好采用女高音。另外，根据孩子的特点来解读孩子的表情，也是让孩子感觉安全和亲密的不错方法。

3~6个月，正面情绪交流很重要

孩子出生后，最初进行情绪交流的对象大部分是爸爸妈妈，所以父母的情绪状态对孩子的影响很大。出生3个月的孩子，已经会表达伤心了，特别是玩得正开心时妈妈突然中途制止，就会表露出悲伤的表情。

出生4~6个月时会表现出愤怒的情绪。斯滕伯格和简布斯博士通过研究发现，如果把孩子手中的食物拿开，孩子就会显得很生气，这是因为这个阶段的孩子已经有了目标感。比如，当孩子伸手想要去拿玩具时，却被大人拿开了，这时孩子几乎无一例外地都会表示生气。因为他们的目标受挫而因此感受到了愤怒。

孩子从6个月大时，就开始辨别他人的情绪了。他们可以分辨出开心的笑脸和难过、沮丧的脸。虽然在此之前，孩子也能对其他表情做出反应，不过从这时开始，孩子可以根据对方的情绪来调节和变化自己的情绪。比如，大人用笑脸同孩子说话，孩子会回应微笑的表情；如果用生气或难过的表情说话，孩子也会做出哭或沮丧、别扭的表情。

1. 妈妈的表情和语调，左右着孩子的情绪

关于此标题的观点，哈佛大学医学院爱德华·特罗尼克博士所进行的"无表情"实验能够很好地予以说明。特罗尼克博士以3~6个月的孩子和他们的妈妈为对象进行实验，观察孩子对妈妈的表情变化会做出什

么样的反应。这项实验是在1975年进行的，在此之前，没有学者相信孩子会对妈妈的表情立马敏感地做出反应，也没有谁针对孩子的情绪反应进行过调查研究。

特罗尼克博士要求妈妈先和孩子进行互动，就像平常一样，然后抑制自己的表情，毫无表情地看着孩子2分钟。这时摄像机里捕捉到的孩子的反应令大家都大吃一惊。刚开始时，孩子看到妈妈面无表情显得有些吃惊，然后就拍拍手，用手指向别的方向，接着又做出困惑和皱眉的表情，还发出叫喊声。总之，孩子动用了自己所了解的所有方法，试图改变妈妈的表情，并且在尝试的过程中，孩子始终观察着妈妈的表情。

实验进行的2分钟时间内，妈妈按照指示，对孩子的任何表情均不做出反应，始终保持面无表情，最后孩子扭过头去开始放声大哭起来，显得很痛苦、委屈，足以看出其内心受到的压力。后来，特罗尼克博士针对不同的孩子也进行了同样的实验，每次都毫无例外地证实，孩子面对面无表情的妈妈会显得困惑和痛苦。而这也说明了孩子和妈妈在情绪上是紧密相连的，面对妈妈的表情和语调，孩子都会全身心地做出敏感的反应。

2. 妈妈的忧郁症会影响孩子

妈妈面无表情，哪怕只有短短的几分钟，都会让孩子立马有困惑和痛苦的反应。如果妈妈患了产后忧郁症，持续大概几周、几个月乃至几年的时间，那对孩子的影响就会更加严重。有数据表明，大约有66%的产妇患过产后忧郁症。

哈佛大学儿童发育中心的最新研究表明，妈妈的忧郁症不但会立即影响孩子，还会影响孩子的大脑回路形成，使孩子的身体、认知和情绪发育等诸多方面受到影响。由忧郁型妈妈带大的孩子，没有活力，对玩不感兴趣，容易烦躁和发脾气。妈妈的忧郁症持续一年以上时，孩子的成长发育也会出现障碍，脑神经回路系统发育呈现明显缓慢的状态，而且不善于表达情绪。出生3~6个月的孩子通常都会"咿咿呀呀"地表达自己的情绪，但由患忧郁症的妈妈照顾的宝宝，则很少用声音来表达情绪。所以，如果妈妈患了产后忧郁症，就一定要通过心理疏导和夫妻情绪培养等方式进行积极治疗，以免负面影响直接危及孩子。

总之，父母的情绪在很大程度上影响着孩子。只有父母感到幸福了，才能造就孩子的幸福；忧郁的父母只能让孩子也变得忧郁。因此，如果希望孩子能幸福地成长，家长就要努力和孩子进行积极且肯定的沟通。传递给孩子的温和、积极的情绪越多，孩子越能感受到情绪上的安定。

6~8个月，帮助孩子表达丰富多样的情绪

孩子出生6~8个月时，可以说是他们的大探索时期。这时的孩子会仔细留意过去不曾注意过的物体或人，会仔细观察并做出反应。他们所表现出的好奇心、高兴、不满、害怕和挫折等情绪，也会用全新的方式来表达。

这个阶段的孩子与父母的交流越来越多。当他看到感兴趣的玩具时，会望着爸爸妈妈的脸，以此来表达自己希望得到它的愿望。由此可见，此时的孩子不但传递自我情绪的能力提高了，他们通过父母的话语、表情和语调来认知父母情绪的能力也一样提高了许多。从这个阶段开始，家长可以用更丰富多样的方式和孩子进行灵活的情绪交流。

1. 帮助孩子顺利度过认生阶段

孩子出生后，快则从6个月起就开始认生了，即对陌生人会感到害怕的。此时的孩子如果发现别人想伸手抱他，他就会扭过头去撇撇嘴，一副很快要哭的样子，并且伸出双手，希望妈妈或养育者去抱他。

婴儿通常从6个月开始会爬，周岁时则可以站立行走，这个时期的孩子很容易跟着陌生人走、迷路或被拐骗。出于本能，孩子认识到只有和特定的某个人有特别的亲昵感时，自己才会安全，才能得到全面的呵护。

在文化人类学上，不管是哪个种族或人种，他们在周岁前后都会出现认生现象。所以，认生现象也被升级为儿童生长发育过程中的重要阶段。

家长可以帮助孩子很好地度过认生期。孩子在熟悉的环境和情境中，认生现象并不明显。比如，在家里看到久违的奶奶时，相比在奶奶家第一次见面，认生程度会减轻许多。在陌生的环境中，如果陌生人跟孩子搭话或试图抱孩子，孩子就会因为害怕而哭起来；但如果在这之前，妈妈先和陌生人友好地交谈，陌生人在抱孩子之前先递给孩子玩具以表示亲昵，那孩子的认生程度就会减轻许多。

2. 稳定坚固的亲昵感会影响孩子一生

孩子出生6个月之后，与父母的亲昵关系会正式形成，此时家长应该更重视和孩子之间的沟通。6个月到2周岁这个阶段是形成亲昵感的关键时期。此阶段能形成稳定亲昵感的孩子，能够如实地把自己的情绪和亲昵对象分享，并寻求他人帮助，而且在这个过程中还能学习处理情绪问题的有效方法。

反之，如果亲昵感形成不稳定，孩子就会在情绪上感到不安，容易发脾气或放弃，不懂得怎样充分表达自己的情绪，于是偶尔就会出现过激的行为或干脆压制自己的情绪。由于他们在情绪上不够稳定，所以一感到不满意时就会大哭起来，不肯离开妈妈。

这时最好能有至少一个人作为养育者，拿出充分的时间来陪孩子，和孩子形成稳定的亲昵关系。如果不得已必须变换养育者，最好能错过这个时期，安排在出生5个月时或24个月以后再换。

当孩子突然和养育者分开时，会经历一种"感情创伤"，如果是在认生现象最为强烈的7～18个月龄时突然和熟悉的养育者分离，那相比其他时期分离，孩子的分离焦虑感和亲昵障碍会更明显，

3. 帮助孩子表达丰富多样的情绪

孩子出生后6～8个月时，情绪表达更丰富。作为父母，有责任也

有义务帮助孩子体验和表达丰富的情绪。这个时期的孩子很喜欢各种游戏，包括模仿爸爸妈妈的表情。所以，陪孩子一起玩耍时，应帮助孩子体验各种情绪。孩子在和父母一起玩的过程中，会表达出更丰富的情绪，并从父母做出的积极回应中，感受到深深的爱意和纽带感。

如果孩子从新生儿时期就和父母有持续的情绪交流，那到了这个阶段，孩子对于解读父母的情绪就显得更熟练。此时的孩子虽然不会用语言表达，但是能听懂平时照顾自己的父母的语言。所以，父母不但要解读孩子的情绪，用表情积极地予以回应，还要用说话的方式参与，这样才会更加有效。

比如，当孩子被逗得咯咯直笑时，家长也可以用笑声附和，并问道："是不是很好玩？"如果孩子生气了，哭起来了，家长也可以做出不开心的样子，问孩子："宝贝生气了是吗？是不是很生气啊？"当孩子意识到父母对自己很在意、很关心时，就会感觉舒心，慢慢地也就会平静下来。

9～12个月，同孩子分享想法和情绪

当孩子到了9个月大时，就能够分辨出别人是否接纳自己的情绪了。当然，在此之前，孩子也可以通过父母的表情、话语和语调来解读父母的情绪，但那时还不能意识到父母的哪些反应是针对自己情绪的反应。虽然之前也有和父母之间的情绪交流，但很难把它看作是真正意义上双方之间的交流。

不过，如果孩子能够意识到自己可以和他人分享想法和情绪，情况就会有所不同。到了这个阶段，孩子能够明确认识到父母是在解读自己的情绪，并做出反应。

如果是在过去，肚子饿了哭的话，爸爸妈妈会问："是不是饿了才哭的呀？"孩子听到后，因为感觉到来自大人的关心而安心。但现在不但能听懂，还能回应大人，虽然还不会开口说"是"，却可以点头或发出声音以表示肯定；如果不饿，孩子就会摇摇头。仅仅靠这些技能，孩子和大人之间的双向交流，就已经完全没有问题了。

此外，这阶段的孩子还能领悟到，人或物体不会消失不见，他们将客观存在着。比如，他们知道妈妈可能会暂时离开身边，但过一会儿还会再次回到自己身边。

由于这个时期的孩子能够意识到有人会在旁边始终关注着自己的情绪，所以会感到安心和无比的亲昵。

孩子满12个月时，对父母的情绪和态度就能做出敏感的反应。比如，当妈妈对某个玩具表现出厌恶的表情时，孩子就会避开不玩它；反之，当妈妈对某个玩具做出喜欢的表情时，孩子也会喜欢该玩具。这种现象被称为"社会参照"，意思是根据社会性依据或信号，使自己的情绪和行为与之适应和改变。

通过这种双向情绪交流，孩子和父母的纽带感会更牢固。研究表明，情绪上形成了稳定纽带感的孩子与其他孩子相比，前者即使和父母短暂分离了一段时间，也会在重逢时手舞足蹈地紧紧拥抱父母。形成了稳定纽带感的孩子，虽然在离开父母时会显得很伤心，但很快又会和别的养育者一起玩玩具，而父母回来时，则又会表现出很高兴的样子。

没有形成稳定纽带感的孩子离开妈妈时，会哭得很伤心，哄也哄不好。之后，孩子会继续表现得不安、焦虑，对周围环境也不感兴趣，不肯玩耍。当妈妈回来时，孩子并不热情，似抱非抱，表现得很漠然。但妈妈一旦要离开时，却又会表现出极度的不愿意，整体表现矛盾又模糊。

还有一类孩子，无论妈妈离开与否或回来与否，都无所谓，仍会自顾自地玩耍，这类孩子属于"亲昵感缺乏型"。这类孩子长大后上幼儿园或上学时，也会表现得我行我素，不肯与他人沟通，在同龄人之间或待人方面存在很多问题。

如果不想让孩子在情绪上感到不安，那就要鼓励孩子积极表达自己的想法和情绪。比如，当孩子正处于认生阶段，不肯离开父母，可是为了上班或出去办事，父母又不得不把孩子交给别人照看，这时就应该给孩子"没关系，可以放心"的暗示。

很多时候，有些父母由于忍受不了孩子的哭闹和纠缠会偷偷地溜出来，其实这种做法并不妥当。父母应该接纳孩子的情绪，让他表达自己的想法和情绪。孩子已经能听懂大人的话了，所以要和孩子充分地进行交流与沟通，让孩子放心。即使孩子不能完全理解父母所说的话的意思，也应该温柔地劝说，让孩子从温暖的话语和充满关爱的举止中感受到信赖感，进而重新找回内心的安定。

正确引导，帮孩子顺利走出分离焦虑情绪

妍妍出生后，妈妈就一直在家照顾她，妍妍从来没有和妈妈分开过。不过现在妍妍3岁了，到了该上幼儿园的年龄了。上幼儿园的第一天，妈妈把妍妍交给老师后和她道别时，妍妍大哭起来，抓着妈妈的衣服不让她离开，无论妈妈和老师怎么哄都无济于事。妈妈强行离开后，妍妍还哭了很久，并且不肯吃东西、不肯睡午觉。晚上从妈妈来接她那一刻开始，她怎么都不愿意再离开妈妈一步。第二天，不管一家人怎么"威逼利诱"，妍妍说什么也不愿意出门，妈妈一开门她就开始大哭，弄得全家人不知如何是好。

妍妍惧怕分离的这种情形叫作分离焦虑，因为和妈妈朝夕相伴，她太过于依赖妈妈了，所以一旦让她一个人待在陌生的环境里，她就会感觉害怕，甚至出现身体上的不适。

所谓"分离焦虑"是指孩子和依赖对象分开时表现出的一种不安的情绪和行为。孩子出现分离焦虑的情形，与孩子的不安全依恋有关。孩子在某一段特定的时间里，当他和特定的对象分开时，就会产生焦虑的感觉。这里的特定对象指的是孩子的主要照顾者，因为和孩子相处的时间最多，所以孩子会非常依赖他。

在6～8个月和18～24个月这两个时间段，孩子处于特定依附的发展阶段。在这两个阶段中，孩子与某个特定对象分离时，就会开始出现明显的不舒服的表情和抗议行为。由于八九个月的孩子已经开始会爬了，他会想跟在主要照顾者的后面、靠近主要照顾者，会变得有点害怕陌生人，这时候孩子和照顾者的依恋关系正在慢慢形成。

这个阶段的依恋关系有个特点。一方面，孩子把特定对象当成他的安全堡垒，这个照顾者在他身边时，他能安心地去探索周围的环境；另一方面，因为孩子和特定对象有强烈的情感联结存在，所以当他要跟特定对象分离的时候，就会产生一种焦虑感。

一般来说，孩子都会有分离焦虑，只是程度轻重不一样。正确的引导能帮助孩子走出这种情绪，而引导不好或孩子的分离焦虑过于严重的话，会对孩子的身心产生一些不好的影响。

每个孩子的分离焦虑及因分离焦虑而产生的抗议行为，会因孩子个人的特质或气质而有所不同。如有些孩子在面对新的人和事物时，接受度比较高；有些孩子则比较退缩，只愿意信任特定的对象。对于比较退缩的孩子来说，他的分离焦虑就会强一些。对分离反应强度较大的孩子，除了哭闹的抗议行为会比较强烈，还可能会在饮食、睡眠等方面出现一些异常，甚至会生病。如果孩子无法走出这种情绪，对他适应力的发展也会有负面作用。分离焦虑还对孩子日后健全人格有非常重大的影响。

一般来说，孩子出现分离焦虑是比较短暂、可以改变的，所以，家长不用太过于着急。不过，有两种情况下主要照顾者会感受到孩子的分离焦虑情绪很浓，一种是没有时间需要请保姆照顾孩子的情形，另一种是孩子进入幼儿园的阶段。针对这两种情况，父母可以采取下面的方法来降低孩子的分离焦虑。

1. 陪伴孩子走出分离焦虑

如果太忙需要让长辈或保姆照顾孩子，一定要确信他们是否有足够的能力和精力照顾好孩子，不可以掉以轻心。不过，最好不要在孩子

6～8个月、18～24个月这两个时间段让他们接手。这段时间，孩子正在克服分离焦虑，如果家长正好此时把孩子送给长辈或保姆照顾的话，只会让孩子产生双重焦虑，增加他不安全的感觉。

2. 给孩子时间适应新环境

孩子第一次上幼儿园的时候，不要突然把孩子带入一个完全陌生的环境，家长可以事先带着孩子去熟悉环境，让孩子对陌生的环境有一些印象，以降低他的焦虑感。

3. 和孩子做好事前约定

孩子第一次进入幼儿园时，主要照顾者千万不要因为害怕孩子不愿意分开而偷偷溜走，这样只会让孩子更焦虑，因为孩子无法预期主要照顾者什么会时候不见了、什么时候会回来。家长应该坚定地告诉孩子："我现在要先离开，但是我4:30会回来接你回家。"让孩子清楚地知道你的安排，无论孩子是否愿意，他都会在无形之中形成一种预期性，预期主要照顾者什么时候会回来。理所当然地，大人应该说到做到，以建立孩子的信赖感。

4. 根据孩子的气质搭配合适的教养方式

上面提到了孩子的分离焦虑和表现出的反抗的强度与孩子的个性及先天的气质有关，对此妈妈要接受孩子的特性，用合适的方法慢慢地给予引导，针对孩子的个性降低他的分离焦虑。后天教养和孩子的先天气质相符合时，对孩子的发展是有利的。

5. 恐吓话语会使情况更糟

千万不能对孩子说"你再哭的话，警察就要来抓你"之类威胁恐吓的话语，这样只会增加孩子的焦虑，不但于事无补，还会让孩子的抵触情绪更加明显。妈妈应理解孩子在每一成长阶段的不同特点，给予孩子适时的响应。

6. 孩子的成长需要同伴参与

有时候不妨邀请其他年纪相仿的小朋友来家里玩，通过游戏的过程，降低孩子对陌生情境的敏感程度，让他知道并不是只有妈妈陪伴着自己才是快乐的。

此外，孩子心爱的玩具是最好的陪伴者。孩子要独自在一个陌生的环境里待上一段时间时，可以给他带上他心爱的玩具或者他平时用的小毛毯等"过渡物品"来替代孩子依赖的特定对象，这也是帮助孩子降低分离焦虑的好方法。

其实，宝宝的分离焦虑也代表了亲子之间的亲密关系，那种难分难舍的真情流露感，是非常珍贵的。只要家长做好妥善的处理，采用正确的引导方法，陪伴孩子走过分离焦虑的时期，孩子就能很好地调节因分离焦虑而带来的心理不适。

解读孩子原始的恐惧心理

　　5岁，预示着会有一个崭新的变化。一直以来在家里和父母度过大部分时间的孩子，这时便会走入更广阔的世界，开始了全新的经验。孩子在上幼儿园与同龄朋友相处的过程中，也会体验到各种各样丰富的情绪，也会渐渐明白，过集体生活就要遵守一定的规则。

　　然而新的环境，总是伴随着恐惧。孩子既渴望结交新朋友，一起玩耍，又会在共处的过程中体验到别样的情绪，感到困惑。不仅如此，由于新体验到的恐惧相比过去的恐惧更多样、更深重，因此孩子也会产生不安心理。一些在父母看来微不足道的事情，孩子也会夸大其恐惧的一面，时常会因为一些不着边际的事情而显露出害怕的情绪。所以，父母对于孩子"莫名"的恐惧，往往不太在意，不能及时接纳。作为父母，这时千万不要因为不理解孩子的原始恐惧心理，就讥讽孩子："净瞎操心，有什么大不了的，怕什么怕！"父母应该及时解读孩子的情绪，并充分讲解孩子不必恐惧的事实本相，这样孩子才能恢复平静的情绪。

　　孩子会感觉到的原始恐惧，大致包括以下几种：

1. 可能被抛弃的恐惧心理

　　在孩子们经常听到的童话故事里，常会有这样的情节：妈妈死去，继母虐待孩子；被父母抛弃，一个人艰难地成长。这个时期的孩子尚不能很好地区分现实和虚拟故事，很容易把故事中的主角和自己联想到一起。所以，当听到灰姑娘受尽继母虐待的情节，就会觉得灰姑娘很可怜，也害怕自己会失去妈妈，在继母手里受尽虐待。

作为父母，应当及时解读孩子的这种害怕情绪，并且安抚孩子是非常重要的。现实中有很多父母为了让孩子乖乖地听话，时不时地会说些"危言"，比如"你要是再这样不听话，我就不要你了"等。其实这种话对孩子的伤害很大，因此不论任何时候，都应该避开这类话题。父母应该给孩子足够的信心，告诉他们"爸爸妈妈会永远陪在你身边照顾你"，让孩子确信父母对自己的爱永远不会改变和消失。

2. 怕做不好的恐惧心理

孩子在和伙伴玩耍时，喜欢和别人比较：英语谁学得好，舞蹈谁跳得好……他们会慢慢懂得，同样的事情，有的人可以做得很好，有的人可能会做得差一些。于是就会在学习或体育等领域，产生一种怕自己做不好的恐惧心理。

其实，孩子有这种负担，做父母的也有很大的原因。很多父母喜欢什么事都拿自己的孩子和别的孩子做比较，即使不比较，也会隐约说出"我家×××真棒"。当孩子做得不好时不表态，一旦做得好时就大加赞扬，孩子就会在无形中产生必须足够好的心理压力。之所以不建议父母们在表扬孩子时只针对结果，原因就在于此。即使孩子做得不够好，也要告诉他没有关系，这样孩子才会在做任何事情时，都不会犹豫不决或担心害怕。

3. 面对黑暗的恐惧心理

这个阶段的孩子特别害怕黑暗，所以他们在晚上睡觉时很讨厌关灯。对于孩子来说，夜晚不同于白天，可能会冒出鬼怪和幽灵，是个可怕的世界。父母应该让孩子认识到，黑夜和白天的区别，只不过是黑夜

里看不清楚而已，并没有其他改变。如果父母为了锻炼孩子的胆量，故意把孩子放在黑暗中，那孩子的恐惧心理只能被夸大。

4. 父母吵架带来的恐惧心理

父母吵架本身对孩子来说就足以令他恐惧。当孩子看到爸爸妈妈吵架时，会担心爸爸妈妈会就此分开。近年来，随着离婚率的上升，连幼儿园中的孩子都有来自离异家庭的。孩子看到周围这样单亲家庭的孩子，再联系到爸爸妈妈吵架，就会担心自己的爸爸妈妈是不是也会离婚，自己是不是也会被他们抛弃。

另外，孩子往往会认为，爸爸妈妈吵架的原因是因为自己，所以父母们千万不要当着孩子的面吵架。如果被孩子看到了吵架的一幕，那就要向孩子说明，爸爸妈妈生气时也会吵架，但是爸爸妈妈正在努力和解，而且很快就会再次和好如初。

5. 噩梦带来的恐惧心理

这个阶段的孩子经常会做噩梦，有时会梦到自己掉入水中拼命挣扎；有时会梦到自己从悬崖上掉下去；有时会梦到老虎正张牙舞爪地要吃自己……这些都会刺激孩子的恐惧心理。

所以，当孩子做噩梦时，父母应告诉孩子，梦境和现实是不同的。要安慰孩子，直到孩子恢复平静。孩子做噩梦感到害怕时，要充分接纳孩子的害怕心理。告诉孩子，爸爸妈妈会在旁边保护他、守护他，以此来安抚孩子的心。千万不要不以为然地说出"那些梦有什么可害怕的"，这种话会一下子否定了孩子的情绪。

6. 对死亡的恐惧

这个阶段的孩子对死亡的恐惧也特别大。虽然孩子还不能完全理解死亡的意义，但当爷爷、奶奶去世或宠物死去时，同样会感到悲伤，并且会模糊地意识到，死亡是一件可怕且悲伤的事情。

　　这时要跟孩子讲解死亡本身的意义，安抚孩子。你可以用平静的语气向孩子解释，如"谁都可能因为事故而死去，但平时多加小心的话，是不会死的"之类的话。记住，歪曲死亡并不是最好的办法。

正确看待孩子最初的独占欲

两岁的浩浩很让妈妈伤脑筋，一带他到亲友家串门，浩浩连招呼也不打，就自己乱翻乱吃，把好东西都据为己有；而当别的小朋友碰一下自己的玩具时，浩浩就会立刻对小朋友大喊大叫。妈妈百般哄劝也无济于事，只好强令浩浩把玩具分给小朋友玩，可浩浩立马号啕大哭起来，抱着心爱的玩具在地上打滚。这让大家都无比尴尬，觉得浩浩占有欲太强了，非常自私。

其实，浩浩的行为不过是幼儿自我意识发展的结果。一岁前的孩子，分不清主体和客体，不能理解所有者的概念。到两岁的时候，自我意识开始发展，形成了"我的""我自己的"的概念，但对客体的概念，如"你的""他的"概念还比较模糊，对世界上的一切东西，只要感兴趣，都认为是自己的。这个阶段的孩子有着自己的观点，大致可以分为3种：我看到的就是我的；你的东西，如果我喜欢，那就是我的；一旦我拿到了，就永远属于我。

这些"法则"在大人的世界里显得幼稚可笑，可是在尚以自我为中心的幼儿期孩子心中，这些想法是再自然不过的事情。如果大人能够理解孩子的这种原始独占欲，就能巧妙地调节孩子和伙伴玩耍时所发生的矛盾。

暂且不提同龄伙伴，有时和弟弟妹妹在一起时，也会因为独占欲而产生矛盾。弟弟可能想摸一下哥哥的玩具或玩一会儿，但这对于幼儿期的孩子来说是无法容忍的。"不行，这是我的！"孩子会边喊边紧紧抱住玩具不肯给。这时，家长千万不要这样说："你不是有很多玩具吗？给弟弟玩一个吧"或"和弟弟一起玩吧"。因为对于刚产生"我的"意识的孩子来说，弟弟拿了自己的玩具玩，是一件让人非常生气的事情。

所以，当两岁的小孩子与同伴发生争抢时，家长千万不要过于紧张，直接干预孩子的行为。父母要接纳孩子生气且烦躁的情绪，帮助孩子建立起所有权的观念，让他们克服"以自我为中心"的不良行为，比如，可以在适当的时候强调一下"小汽车是小哥哥的，你只能玩不能带走，到时候要还给哥哥，你的小汽车在家里呢"！

其次，家长不要过分强调孩子的个人所有权。如果每买一次东西都告诉他，这是专门为他而"买"的，这让孩子的独占心理会更强。

再次，不强调孩子的"慷慨大方"。当孩子还没建立起分享意识时，家长不能强制孩子"礼让"。这会让孩子感觉，连父母都要夺走他的东西，从而就会奋不顾身地保卫自己的"财产"。应当等孩子心理逐渐成熟后，再让他逐渐体会分享的甜头。

最后，引导孩子学会分享。让孩子知道，喜欢的东西可以先"借"来玩，但那不属于自己，用后要及时归还。当别人不愿意借东西给自己时，可以用"换着玩"，或者是一块玩的方式来解决。当孩子的行为有进步的时候，应当立刻给予表扬或奖励，来强化这种好习惯。

帮助孩子合理宣泄不良情绪

  每个孩子都会有一定的情绪状态，如开心、恐惧、愤怒、悲哀等。与大人能够有理智地控制情绪不同，孩子的自我控制能力弱，有了负面的情绪就会当场发泄出来。由于孩子的年纪尚小，与人交往、沟通的经验尚浅，并且对自己产生的情绪认识不清，所以在出现负面情绪时不知道该怎样表达，只好自己寻找方式来进行宣泄。在没有大人引导的情况下，孩子自发的宣泄方式往往是不当的，比如哭闹、攻击他人或伤害自己等。

  对此，父母应当教会孩子一些合理宣泄不良情绪的方法，从而提高他们的自我控制能力。可是，在现实生活中，普遍存在不合理的家庭教养方式：

  （1）粗暴压制。性格暴躁的父母看到孩子不良宣泄时，也忍不住暴跳如雷，简单干脆地用粗鲁的方式直接压服，遏制孩子的发泄。这种方式表面上看效果显著，但实际上，孩子是出于害怕才停止宣泄，原先的不良情绪不但没有得到缓解，反而又多了被粗暴压制的痛苦，可谓是雪上加霜，极易出现情绪问题。长期如此，孩子内心积压的情绪问题就会越来越多，性格也会慢慢变得抑郁沮丧。

  （2）轻易妥协。孩子的不良发泄有时是因为提出的要求没有得到满足，一些父母出于对孩子的疼爱或觉得烦躁，见到孩子哭闹或撒泼就马上无条件"投降"，满足他的所有要求。这么做的后果往往是使孩子误解，以为不良发泄是迫使大人就范的"撒手锏"，于是每每有不被允许的要求时就会使出来。

这两种错误的做法对孩子的身心发展都是不利的，前者易使孩子出现心理问题；后者则会让孩子无法无天，霸道而不服管教。其结果都会导致将来对社会的不适应，因此都是不可取的。孩子成长的每一步都是在父母的引导下进行的，情绪的宣泄方式也不例外。发现孩子有不良的宣泄，不要单纯地想着如何制止它，而要想着如何改变它，如何教会孩子正确地宣泄不良情绪。

作为父母，要始终以关怀和慈爱的心情来面对孩子的不良发泄，并始终保持冷静、理智的头脑，寻找解决问题的良策。对此，儿童情绪管理研究专家建议：父母们可以通过音乐和绘画等方式来帮助孩子合理宣泄不良情绪，这样能在培养自制力的过程中起到事半功倍的作用。

首先，我们先来谈谈音乐。音乐作为一种听觉艺术，在儿童早期教育中占据着重要地位。可以说，音乐是一种特殊的语言教育，在开启智慧、训练自制力方面有着特殊的作用。特别是在孩子上幼儿园阶段，和其他思维相比较，他们的听觉思维最敏感。所以对于这个年龄段的孩子来说，音乐的熏陶对其智力启蒙、身心健康、性格发展、自制力培养等方面都起着非常重要的作用。

有一个很简单的事例：在一个闹哄哄的教室里，老师只要一坐在那里开始弹钢琴，教室里立刻就会变得鸦雀无声，这就能很好地说明音乐能够帮助孩子培养控制情绪的能力。

对于孩子来说，音乐的主体内容是儿歌，而儿歌在培养孩子自制力方面的作用就很典型。即便是最简单的儿歌，只有三四句歌词，只要孩子一听到音乐声响起，就会立刻跟着哼唱起来，并从中体验到成功的喜悦。

如果这时候的孩子遇到困难，或者在此之前已经遇到了什么困难，只要一唱歌就会变得开心起来。这种欢乐的心情，反过来又会起到催化作用，使得孩子对接下来所要参与的游戏和学习产生浓厚兴趣。这种浓厚兴趣融合在欢乐的情绪之中，会使得孩子很自觉地遵守游戏规则和课堂纪律，从而用良好的心理态势去接受老师的教育。

所以说，适当地运用音乐、儿歌演唱等情绪调节方式，去尝试建立和维护合理的秩序，让孩子从中学会遵守秩序、合作和等待，也能够达到提高他们自我控制能力的目的。

其次，我们再来谈谈绘画。作为父母要知道，当孩子处于情绪激动之中时，应当避其锋芒，不要急着和他讲道理，也不要粗暴地对他进行打压，但可以采取让他在纸上或地上乱画一通的方式，从而帮助他排遣掉心中的不良情绪。

父母要告诉孩子，每个人都有各种情绪，心里有话就要讲出来，不要憋着。只要不伤害到别人，孩子们的乱涂乱画、大声歌唱、诉说、哭泣、运动等行为都应当被允许，因为这些都属于合理宣泄的范畴。

因此，作为父母，你可以在家中客厅的一角或者孩子所住的小房间里，专门腾出一块地方，在墙上贴满报纸，以供孩子在情绪不好的时候可以在这上面任意涂画，以宣泄情绪。等孩子情绪稳定下来之后，再和他进行交流、讲道理，这是训练孩子自制力的一种有效途径。

可以说，真正的自制力应当是建立在合理宣泄基础之上的。这种采用合理宣泄法来训练孩子自制力的方法，其原理就是转移孩子注意力的方法，通过把将要引发孩子冲动的情绪释放出来，从而达到使其保持情绪稳定、避免冲动的目的。所以，当孩子受到委屈、伤心地痛哭时，父母就不要对孩子说"男孩子要坚强、不许哭"之类的话；同样，当孩子受到老师表扬，回到家里对父母掩饰不住内心的喜悦时，父母也不要对孩子说"谦虚使人进步，骄傲使人落后"。之类的话，而是应该让孩子充分合理地发泄情绪，包括痛苦的情绪和快乐的情绪，该哭的时候就让他去哭，该笑的时候就让他去笑。这种发泄不但不说明他没有自制力，反而更会有助于他自我控制能力的培养。

【家长实践作业】——要等3分钟才能出去玩

当孩子想让家长带着出去玩时，家长可以找一些合理的理由让孩子先等一会儿。家长要让孩子明白，可以出去玩，但是由于某些原因（比如自己手头上的事）还需要再等上3分钟。这时，可以给孩子一些等待建议，比如：玩一会儿玩具，唱一首儿歌或者让孩子自己选择做自己想做的事情。

这个时候，孩子可能不愿意等，但家长的立场一定要坚定。可以用孩子能明白的话告诉他原因，并讲明白3分钟有多长，比如：告诉他们3分钟的时间就跟他唱一首儿歌的时间差不多；也可用闹钟提示，等闹钟响时就可以了。在等待期间，家长可以根据孩子的表现情况给予相应的表扬和鼓励，从而逐渐让孩子接受等待，并学会如何打发时间。

第四章

社会性发展，让孩子管好自己的行为

社会性发展是指人们为了适应社会生活所形成的符合社会传统习俗的行为方式。儿童社会性的发展是在孩子同外界环境相互作用的过程中逐渐实现的。社会性发展对幼儿的健康成长有重要意义，是儿童健全发展的重要组成部分，对其未来的发展也具有至关重要的作用。

社会性发展成熟的标志就是个体已经学会了自律，能从情感、认知和行为等方面，根据已经内化的道德原则和社会规则行事，能管好自己的行为，也是自我控制的最高级的表现形式。

发展孩子的亲社会行为

　　亲社会行为是指能够给他人和社会带来积极影响的助人行为、利他行为或其他更为广泛的行为。主要由帮助行为、合作行为、分享行为构成，其特点主要有利他性与社交性。亲社会行为是人与人之间在交往过程中维护良好关系的重要基础，对个体一生的发展意义重大。因此，父母应该从小就注意培养孩子的亲社会行为。

　　亲社会性的发展，不仅可以减少孩子的暴力倾向和攻击行为，而且还可以帮助孩子发展同理心，培养其乐于助人的精神和利他主义的品质。这些方面，最终有利于帮助孩子学会控制自己的情绪和行为，从而增强孩子的自我控制能力，进而帮助其更好地学会与人交流，建立友谊。

　　认知发展理论和社会信息加工理论都认为：合作、分享、主动帮助他人之类的亲社会行为在儿童期表现得越来越明显。随着儿童智力的发展，他们也会获得重要的认知技能，这将影响到他们对亲社会行为的推理和利他行为的动机。

　　认知发展理论把孩子亲社会性的发展分为以下四个主要阶段：

　　（1）当孩子过了2岁之后，可以从其身上观察到某些分享和同情的表现。这个阶段的孩子看到别人痛苦时，自己也会感到不安，有时还会试着去安慰正处于痛苦中的同伴。从某种程度上来说，儿童早期同情心的个体差异可以归因于气质的差异，比如：胆小、行为抑制的两三岁孩子比胆大、非抑制的孩子更可能对别人的痛苦感到高度紧张。

（2）当孩子3～6岁时，在遇到亲社会问题时，他们往往是自私的或快乐主义的。若是对别人有利的行为也能给自己带来好处，那么他们就会表现出更多的亲社会行为。

（3）儿童中期到青少年前期，孩子的以自我为中心的倾向越来越弱，具有重要意义的角色承担技能逐渐形成，开始关注别人的合理需求，并将其作为亲社会行为的理由。孩子从这一时期开始就会认为，大多数人认可的好行为，就应该去做。儿童心理专家通过研究发现，从小学低年级开始，分享、帮助他人的亲社会行为越来越普遍。

（4）当孩子到了青少年时期，已经能够理解且认同抽象的社会规范、社会责任准则等。这些被社会认可的行为准则，将鼓励他们把友好的行为推及更多需要帮助的人身上，并激发他们把亲社会行为当作个人责任，如果他们漠视自己的义务，就会产生自责或内疚感。

爱是一种能力

左拉说:"爱是不会老的,它留着的是永恒的火焰与不灭的光辉,世界的存在,就以它为养料。"爱是无私、是感恩、是付出,一个充满爱的社会是和谐安宁的。在你给予别人关爱的同时,你也会得到博大的爱。

当今社会,人与人之间在竞争异常激烈的同时,对彼此间情感支持的需求也前所未有地高涨。学会关爱、理解他人,并在情感上支持他人,这既是在竞争中找到合作伙伴从而制胜的必要条件,更是每个人在各种社会关系中得以立足和生存的根本。所以,作为家长,我们有必要培养孩子的爱心,因为富有爱心的孩子懂得时刻用爱来控制约束自己的行为,进而成为一个适应社会需求的人。

据儿童心理学家研究,孩子天生就具备爱心,善良和同情是孩子的天性。婴儿一岁前就有对别人的情感反应,如果旁边有孩子哭,他会随之一起哭。一两岁时,孩子看到别人哭,就会拿自己喜欢的东西去安慰,这表明他已能清楚地分辨自己和他人的痛苦,并有了试图减轻别人痛苦的本能,但不知道该怎样做才好。到了五六岁时,孩子开始进入认知反应阶段,知道什么时候该去安慰正在哭泣的同伴,什么时候该让其独处。这些都是孩子爱心的自然表现。然而有些孩子慢慢长大的过程中,他们的爱心却越来越缺乏。

有这样一个母亲，为了不影响孩子的学习，她在平时不让自己的孩子做任何与学习无关的事情。尽管她的孩子已经10岁了，但是洗头洗脚、扫地铺床、倒垃圾、洗鞋袜等，都不会做。一个假期里她试着想让孩子分担一些家务，如拿牛奶、刷鞋子、打扫自己的卧室等。可是，才干了两三天，孩子就不耐烦、不愿干了，并说"暑假是给我们学生休息的，不是让家长偷懒的"。还有一天，她头痛发烧，中午回家没做饭就倒在床上。孩子放学回来，不但不讲一句关心、体贴的话，反而大喊："你肚子不饿，就不管我的死活了吗？要睡也要先给我做好饭再睡！要不，打电话叫爸爸回来给我做饭！"听到这些话，她流下了伤心的泪。

更有父母心甘情愿地节衣缩食，用省下的钱来满足子女的高消费；有的父母下岗以后，为了让子女不受委屈，宁愿去干累活、脏活，也要让子女过养尊处优的生活。但结果却不容乐观，子女非但不领情，还埋怨父母给予自己的太少。

"人之初，性本善"，为什么我们的孩子随着年龄的增长，爱心却减少或消失了呢？作为家长，我们要帮助孩子找回丢失的爱心。

要对幼儿进行爱心教育，家长们一定要注意为孩子树立关心、理解、爱护他人的好榜样。父母是孩子的镜子，只有富有爱心的父母，才能培养出富有爱心的孩子。

很多时候，孩子学会爱别人并不是受任何人的命令，而是平常看在眼里、记在心里的结果。父母和祖父母、邻里之间关系密切，相互尊重、相互关心，孩子置身于这样一种和睦、融洽的氛围中耳濡目染，随着年龄的增长，孩子也会养成尊老爱幼的品行，并仿效长辈关心他人，帮助他人，既接受了爱，又善于给予爱。大家可能都记得中央电视台有这样一则公益广告：一个小男孩看到劳累了一天的妈妈下班回家后，给姥姥洗脚，陪姥姥说话，于是，他也学妈妈打来一盆水，端到妈妈跟前，轻轻地说了句：

"妈妈，洗脚。"这不仅让片中疲惫不堪的妈妈感慨万分，也让电视机前许多父母感叹不已。看来榜样的力量是无穷的。

因此，父母平时就要注意自己的言行举止，做到孝敬老人、关心孩子、关爱他人、乐于助人等，让孩子觉着父母是富有爱心的人，自己也要做一个富有爱心的人。比如：在公共汽车上，家长告诉孩子要给抱小孩的阿姨让座；邻居老人生病，家长带着孩子去探望问候，帮老人做事；新闻报道有人缺钱做手术，生命垂危，家长带孩子去捐款，献上一份爱心……经常看到大人是怎么同情、关心、帮助他人的，对于培养孩子的善良品质是最好不过的。

卢勤老师说："孩子的爱心是稚嫩的，你在乎它，它就会长大；你忽视它，它就会枯萎；你打击它，它就会死去。"如果你想拥有一个富有爱心的孩子，那就请你在生活中保护好孩子的爱心。

有位家长说她：有一天带6岁的儿子去逛街，在熙熙攘攘的大街上，儿子突然停住了脚步，眼睛盯着路边的一个老乞丐，那是一个少了一条胳膊一条腿的老人。儿子对我说："妈妈，那人多可怜，我们给他一点钱吧！"听到儿子说这样的话，我很欣慰，因为我经常说的一句话现在从儿子的嘴里说出来，我为他感到骄傲。他懂得了与人为善是一件多么快乐的事情，我坚信这种爱心将会伴随儿子的一生。

当孩子表现出爱心时，家长要给予保护。大家可以试想，如果孩子说要给老乞丐钱的时候，家长说那些人，都是有组织的骗子，他们故意依靠自己残疾的身体赚取别人的同情，其实他们比妈妈挣的钱还多，我们不要去理睬他，那又会是怎样的结果呢？结果无疑是把孩子的爱心扼杀在了摇篮里。

还有时候父母由于工作忙或其他原因，对孩子表现出来的爱心视而不见，或训斥一番，同样也会把孩子的爱心扼杀在萌芽之中。比如有个小女孩为刚下班的妈妈倒了一杯茶，妈妈却着急地说："去去去，快去写作业，谁用你倒茶！"再如有个小孩蹲在地上帮一只受伤的小鸡包扎，小孩的妈妈生气地说："谁让你摸它了，小鸡多脏呀！"其实从这刻起，孩子的爱心就这样被父母剥夺了。

事实上，在很多情况下父母并不知道自己的行为会在不经意间伤害或剥夺孩子的爱心。所以，家长要在平时的点滴生活中，注意自己的一言一行。让我们共同营造出爱的世界，让孩子在爱的包围中自由健康地成长。

孩子换位思考的能力要靠后天来培养

换位思考是指能够想象他人的想法和感觉，并从他人的角度思考问题。站在他人的角度换位思考，是一种能力。拥有这种能力的人会更宽容，更容易与人沟通，也更容易获得别人的信任。有人说，换位思考是人际关系的润滑剂，此话不假。学会换位思考的人，往往快乐又积极向上，并且能在人际交往中如鱼得水。在人际关系十分重要的当代，这一能力更显得尤为珍贵。其实，换位思考的前提是要首先控制住自己的情绪，然后才能冷静下来从别人的角度看问题，所以经常换位思考也能锻炼自控力。

但是，这一能力并不是与生俱来的，而要靠后天培养。自我意识是孩子成长初期自然形成的，孩子从刚出生时起就以自我为中心观察世界，并认为周围的人和事物都跟自己密切相关。他们往往从自我角度来进行行为选择和活动设计，不考虑他人。随着年龄的增长，孩子与社会交往活动的增加，才逐渐有了他人的意识，逐渐认识自我和他人之间的关系。这一时期，也正是培养孩子换位思考能力的关键时期。家长可以从让他们注意他人的情绪变化开始，逐步地培养。如果孩子在这一时期得到正确的引导，就会逐渐站在他人角度考虑问题，与人交往的过程也会更加顺畅。

当孩子满1岁时，自我意识渐渐明晰，开始能够意识到他人的情绪变化。比如看见有人开怀大笑时，他可能也会一起笑；看到有人伤心痛苦，他可能也会闷闷不乐。对于这个时期的孩子，家长可以多提供一些人物表情，可以是来自电视上的人物，也可以是卡片或书本上的，引导孩子进行观察。这种"察言观色"可谓是一种基础能力，只有会"察言观色"，才可能理解他人的情绪和感受。

孩子长到18个月时，不但能感知他人的情绪变化，还能做出适当的反应，比如看见小伙伴摔倒受伤，他可能会跑过去抱对方，或者把自己的玩具送给对方玩。如果你的孩子在这个时候不具备这个能力，那么你就要适当地引导，可以对孩子说："看，小妹妹摔倒了，你去抱抱他，他就不疼了。"或者说："小弟弟摔哭了，把你的玩具给他玩一会儿，他就好了。"孩子在日常生活中磕磕碰碰的会有各种感受，当孩子有新的感受时，家长可以让孩子说出自己的感受，然后尝试着推及他人，让孩子想象他人遇到这种情况，会有什么样的感受和想法。比如，自己磕着了很疼，然后让他想到他把别的小朋友推倒了，别的小朋友磕到地上也会很疼。

当孩子处于2～4岁的年龄段时，家长应结合实际情景，引导孩子根据人们的表情与行为判断其内心感受。比如看见爸爸下班后的表情，就能判断出爸爸很累，然后给爸爸捶捶背或端杯水，这样就可以减轻爸爸的疲劳。

当孩子长到五六岁以后，其知识经验和生活体验更为丰富，对事物的认识也更为深刻。这个时期，家长应该引导孩子学会倾听他人的感受，并根据他人的需求来做出行动。比如看见有的孩子摔倒了，可以对自己的孩子说："你过去看看，问问小弟弟摔疼了吗，用不用你扶他起来。"这正是在引导孩子关心、体谅他人的感受。

让孩子学会分享，是克服自我中心的有力手段。

相信很多家长在养育孩子的过程中，都碰到过下面的情景：

"浩浩啊，隔壁的王阿姨有急事出去，他们家强强暂时住我们家，你

陪他玩一下。"

"我不要！他会玩我的玩具！"

"那你把以前不玩的玩具借他玩好了。"

"我不要！叫他回去拿他自己的玩具来跟我玩！"

从这段亲子对话看起来，浩浩就是不懂得分享的孩子，显得很小气。现代家庭中的孩子，大多集"万千宠爱于一身"，因此很多孩子都养成了不肯与他人分享的坏习惯，只要是自己喜欢的东西，无论是玩具还是零食，便都据为己有。这些孩子的自我意识极强，凡事首先考虑自己，满足自己，稍不如意，便会以哭闹来反抗。这些孩子之所以如此看重自己的东西，不肯与他人分享哪怕一点点，究其根源，与父母平时对他们的溺爱有关。

父母把自己的爱无条件、无保留地给予孩子是天经地义的。但是，如果一味溺爱、放纵孩子，孩子便容易养成"唯我独尊"的坏习惯，他们事事争、抢、霸，却不懂得分享、付出，这样发展下去，就会养成吝啬、自私的坏习惯。

一位哲人曾说："分享是这个世界上最伟大、最美妙的感觉，也是一个人必备的美德。它能让你收获快乐，收获友谊，收获事业的成功。"

孩子在成长的过程中应当学会与人分享，不懂得分享的孩子，他的人生必将失色许多。因此，父母有必要教育孩子学会分享，明白分享的意义。这样孩子在成长的过程中，会因懂得分享而去关爱他人，帮助他人，同时也能从分享中获得帮助与关怀。那怎样培养孩子这种乐于与人分享的品格呢？

1. 父母要为孩子树立学习与模仿的榜样

在日常生活中，父母应首先做到慷慨待人。如肯把东西借给邻居使用，能主动把好吃的食品拿出来让别人吃，乐意把自己心爱的物品转让给别人。

2. 对于幼儿的攻击和任性行为要适当处理

如果孩子在幼儿期出现用打人、抢东西，或是用哭闹等行为来取得自己想要的东西时，父母不要采用打骂的方式，而是应当用温和而坚定的态度进行制止，让孩子从中学习尊重别人，并学习控制自己的内外在行为。

3. 家长要在家中营造与人分享的机会

在孩子小的时候，父母就要有意识地创造分享的机会。比如，在孩子处于婴幼儿阶段，当他手里拿着自己喜欢的小娃娃玩时，父母可以把另一个玩具递给他，然后从他手里拿走小娃娃，这样反复训练，孩子就会学会用自己手中的东西去与人交换，而不是长时间地"霸占"某一玩具了。

4. 要善于从小事着手

教孩子学会分享，不要认为光向孩子讲道理就可以。父母应该抓住生活中的小事情来教育孩子，这样就更具说服力，更容易使孩子理解。比如，给孩子买了他爱吃的东西，父母可以要求孩子分给自己一点点，或是送一点给邻居小朋友；在公共汽车上，让孩子给别的小朋友让座位或者合坐一个座位，等等。在一段时间内坚持这样做，孩子在养成分享品格的同时，也能体会到分享的快乐。

5. 不要给孩子搞特殊化

有的父母过分溺爱孩子，有了好吃的全摆在孩子的面前，即使孩

子主动让给自己吃，也拒绝；有了好玩的，让孩子独自玩，并在家里来了小朋友时，主动帮助孩子把好玩的东西藏起来，以免被别的孩子玩坏……这样时间一长，就会强化孩子的独享意识。因此，不给予孩子"特权"，不让孩子独享，孩子就不会滋生"独霸""独贪"的心理。

众人拾柴火焰高，培养孩子的合作精神

合作是以开朗、宽容、善解人意为基础，以能先人后己、富有一定牺牲精神和奉献精神为基础，能为他人着想的良好道德品质。学会合作，不只是一种认识，一种意识，一种情感，一种态度，更表现为一种行为和能力，是一个人的道德品质和心理素质的统一体。

培养孩子学会合作的美德，不仅有利于提高孩子的道德素质、心理素质以及与人共事的能力、适应社会发展的能力，也有利于提高孩子的社会化水平。可在现实生活中，很多独生子女是全家人关注的中心人物，他们也自觉身价百倍，从而滋长了一些特殊化的思想、心态和性格，诸如破坏性大、脾气大、孤僻、不合群、与人合作能力差等。有些父母视孩子为掌上明珠，拿着怕丢了，顶着怕摔了。因此他们对孩子是百般顺从和迁就，结果使孩子只知道自己，很少想到家人和伙伴们，并逐渐养成了以自我为中心的不良心理状态。这不仅会使孩子逐渐脱离周围的小伙伴和欢乐愉快的生活，而且也影响孩子的进取心，损害他们的身心健康。所以，当我们培养孩子合作精神的同时，也是在教育孩子控制自己的任性与自私。

俗话说"兄弟齐心，其利断金"，只有相互团结合作才有可能把事情办得又快又好。社会上的每一个人都是相互联系的，孤立存在的人是没有的，特别是现代社会，更讲求合作精神，所以父母从小就要培养孩

子的合作精神。一个懂得合作的孩子，步入社会后也会很快适应工作岗位的集体操作，并发挥积极作用；而不懂合作的孩子，在社会生活中会遇到许多无所适从的麻烦。

因此，父母应当注意培养孩子的团结合作精神，让孩子多参加一些需要合作的活动，鼓励孩子与他人团结合作。可以从以下几个方面着手：

1. 给孩子创造一个良好的家庭氛围

一个整天争吵不休的家庭，很难造就出一个具有和谐人际关系的孩子。父母必须把家庭成员之间的关系处理得恰当、合理。对邻居、对来客都要热情、平等、谦虚、有礼貌。孩子会以父母为楷模，逐步养成尊重别人、爱护别人的良好品德。

2. 树立平等观念

要教育孩子在平等的原则上为人处事，告诉孩子不管对谁都应树立平等的观念。要让孩子懂得，人与人之间永远是平等的。遇事要无私，要言而有信。只有这样，人与人之间才能互相信赖、和睦相处。特别是要教育孩子严于律己、宽厚待人、尊重他人，也不轻易地怀疑、怨恨、敌视他人。

3. 鼓励孩子多交朋友

让孩子多交一个朋友，就等于帮助他们多打开一扇窗口，使其视野开阔、心胸宽广。而不擅交际的孩子大多性格抑郁，因为时时可能遭受孤独的煎熬，享受不到友情的温暖。因此，妈妈要鼓励孩子多交朋友，特别是同龄朋友。比如：欢迎孩子的小伙伴到家里来做客，并热情接待这些小客人；对孩子的朋友感兴趣，引导孩子谈论与朋友交往中的事情；谈论朋友的长处，告诉孩子千万不能天天盯着别人的短处，长此以往，就无法和朋友们友好相处，等等。

4. 要让孩子多参加集体活动

每个人都是在集体中成长的，集体需要各种各样个性鲜明的孩子，这样，集体这个大花园才会百花齐放、绚烂多彩。但更重要的，集体中的每一个成员都应该具备集体意识。在集体中个人的力量很薄弱，个人的智慧像大海中的一滴水那样微小，许多工作都要靠集体的力量才能完成。

如果孩子的自我意识较强，常常以"自我"为圆心，以"个人主义"为半径，就会画来画去都离不开"自己"的小圈子，心中没有他人，没有集体，更缺乏顾全大局的意识。所以父母应当从小培养孩子的集体意识，可以利用暑假送孩子参加各种各样的夏令营，平时多鼓励孩子和朋友一起行动，不要总把孩子拴在自己身边。

5. 让孩子知道团结的重要性

要想让孩子知道"团结才有力量"这个道理，如果父母单凭说教，效果不一定好，但如果把这些道理揉进游戏中，孩子在体会游戏快乐的同时，也能感悟到团结的重要性，这样就能一举两得。欢欢的妈妈就是这样做的。

一天，妈妈带欢欢去公园玩，在路上，欢欢捡了几根很细的枯树枝拿在手里玩。在公园的长椅上坐下后，妈妈对欢欢说："来，我们来玩个折树枝的游戏，看你能不能把这些树枝都折断。"

"当然能。"欢欢说完，从妈妈手里接过一根树枝，"啪"的一声就折断了。

"那你再把这些都合在一起，看能不能一下就把它们都折断？"

儿童自控力
ertongzikongli

欢欢满不在乎地接过妈妈手里的几根树枝，用力折起来。可是，无论欢欢怎么用力，树枝一根也没有断。

这时候，妈妈不失时机地问："欢欢，刚才一根树枝你轻易地就折断了，现在把几根合在一起就折不断，这就是团结的力量，你明白吗？"

欢欢点了点头说："我明白了，妈妈，团结的力量真大呀！"

培养自控力，控制孩子的攻击行为

上幼儿园的浩浩身体长得很结实，虽然只有五岁，但他的个头却比同龄孩子高很多。他好像特别喜欢找其他小朋友的麻烦，所以小朋友都躲着他。每天妈妈去幼儿园接他，老师都会告诉她今天哪个小朋友又被浩浩打了，班里的玩具又被他摔坏了……妈妈每次都苦口婆心地教育他，甚至打他的屁股。他也答应下次再不欺负小朋友了，可是第二天一到幼儿园，又有小朋友告他状了。以至于妈妈愁眉苦脸地说："这孩子我打也打了，骂也骂了，就是不管事，我实在是拿他没办法了。"

例子中浩浩欺负其他小朋友的行为就是心理学上所称的攻击性行为。心理学界把人类的攻击行为分为敌意性攻击和工具性攻击。如果攻击者的主要目的是伤害或损害受害者，不管是身体的、心灵的伤害，还是毁坏他人的财物或成果，其行为就是敌意性攻击。反之，如果一方只把伤害另一方作为一种获得非攻击性结果的手段，这种就是工具性攻击。比如在抢同伴的玩具时把他撞倒在地，就属于工具性攻击。

不过，有些情况下的攻击行为，并非轻易就能区分为这两大类的。比如，一个小男孩先是把另外一个小男孩推倒在地，然后又抢走了他的玩具。这种就是兼具敌意性和工具性的攻击行为。

孩子的攻击性行为在早期大致会经历以下几个阶段：

（1）婴儿阶段，并不是攻击行为。虽然很小的婴儿也会生气，甚至还会打人、咬人、掐人或踢人，但是我们不能把这种行为算作攻击行为。对此，儿童心理学家皮亚杰就曾描述过他儿子的一件事：一次，他把手挡在了7个月大的儿子劳伦特面前，不让他去碰喜爱的玩具，劳伦特就直接拍打皮亚杰的手，试图除去这个障碍。

（2）孩子从1岁开始，出现工具性攻击。心理学家凯普兰发现，1岁的孩子在玩耍时会因一方控制了另一方想要的玩具而变得很强硬。一旦一个孩子占有了一个玩具，这个玩具在其他孩子眼里就好像变得更宝贵了，就算还有一模一样的玩具，他们也会忽视这些玩具，起身去抢其他孩子正在玩的玩具。这一发现显示，工具性攻击的种子在孩子1岁左右就已经种下了。

（3）孩子在2岁左右的时候，开始学会通过协商，而不是互相打斗的方式来解决争执，尤其是在玩具紧缺时。如果这时候成人能够适当地进行引导，鼓励孩子友好地相处，那么这个阶段的孩子的攻击性行为就会减少。

（4）心理学家通过对2~5岁的孩子进行大量研究发现：一般性的脾气暴躁在学前期减弱，4岁后就不再普遍；武力反抗行为的发生率在2~3岁时达到高峰，到学前期时逐渐下降；攻击性随着年龄的增长而发生变化，两三岁的孩子可能咬、打、踢对方，大一点儿的幼儿园及小学低年级的孩子表现出的身体攻击逐渐减少，取而代之的是嘲笑、造谣、贬低等行为。

在整个儿童中期，身体攻击和其他形式的反社会行为会逐渐减少，孩子也渐渐地能够熟练地友好相处、友善地解决冲突。虽然工具性攻击减少了，但敌意性攻击会随着年龄的增长而增加，特别是天生"好战"的男孩之间。

虽然精神分析大师弗洛伊德认为攻击性是人类的一种本能，但是，通过家庭环境、教养方式、学校教育的相互配合，培养孩子的自我控制能力，从而也能达到控制孩子攻击行为的目的。

那么，家长应该怎样做才能控制孩子的攻击行为呢？

1. 为孩子营造良好的家庭氛围

很多发展心理学家通过研究认为：在一个家庭中，如果父母经常发生冲突，那么在这种家庭环境下成长的孩子也容易出现攻击行为。所以父母之间应该尽量减少冲突，避免暴力行为，从而为孩子营造一个温馨、幸福的家庭氛围。如果成人之间已经发生了冲突甚至攻击，在冲突后也不要互相回避，而是应该等冷静下来之后互相反省和赔礼道歉。这也是一个能够让孩子体验大人如何心平气和地解决冲突矛盾的机会。

另外，还需注意的是，当孩子出现攻击行为时，父母千万不要采取暴力的惩罚手段，这样不仅无益于控制孩子的攻击行为，反倒可能会增加孩子的攻击行为和其他反社会行为。

2. 及时制止孩子的攻击行为

很多大一点儿的孩子之所以容易出现攻击行为，除了天性和气质等生理因素外，还有一个重要原因就是家长对待攻击行为的态度。当孩子出现咬人、打人、踢人等行为时，如果家长总是纵容，甚至是鼓励，那孩子就很有可能会把攻击作为表达自己的情绪、获得更多关注、争取更多资源等方面的途径。

因此，当孩子出现攻击行为时，不管是否伤害到别人，我们都应该及时制止，并在态度上尽量做到"零容忍"。需要注意的是，在不同的发展阶段，我们所采取制止的方式和态度也应该有所不同。

（1）当1岁以内的婴儿做出咬人、抓人、打人、踢人等行为时，我们只需要把孩子的手脚或嘴巴温柔地推开。因为这时禁止的语言没有任

何效果，只有通过制止的动作才能让孩子学会自动停止。

（2）当孩子1岁多时，已经可以初步听懂大人所说的一些话，但还不能做到完全理解。这时，我们应当采取语言和行动相结合的方式，对孩子说"不"，坚定地禁止孩子的攻击行为。要知道，家长在态度上越坚决，孩子就越容易住手。

（3）当孩子3岁多时，其身体攻击逐渐减少，语言攻击逐渐增多，并且他们的理解能力也在不断提高。这个时期，当孩子发生攻击行为时，除了及时制止和适当惩罚外，我们还应耐心地引导孩子认识到这种行为的错误以及可能产生的后果，避免以后再出现同样的举动。

3. 智慧地惩罚，让孩子体验犯错的后果

如果孩子的攻击行为带来的影响或后果比较严重，那就需要采取适当的惩罚措施，比如让孩子当场向对方道歉或暂时剥夺孩子的某项权利等。这样做，既能让孩子认识到错误，又能让他体验到犯错的后果。

4. 为孩子营造非攻击的成长环境

现代信息技术发达，孩子的周围不乏一些充满暴力的动画片、游戏等。这时，父母就要注意为孩子营造一个非攻击的成长环境，让孩子远离暴力，避免孩子模仿电视和游戏中的攻击行为。对此，我们家长具体应该怎么做呢？

首先，要把好审核关。如果你觉得某些动画片或游戏不符合自己的教育理念，或者不适合孩子收看或玩耍，就要想办法让孩子喜欢上自己觉得更好的动画片和游戏。对于大一点儿的孩子，由于他们已经开始有了自己的认识和判断，只要我们平时能和孩子沟通顺畅，也完全可以引导他们学会欣赏更好的动画片和玩有益的游戏。

另外，当孩子模仿动画片或游戏中的一些不好的行为、不好的语言

时，我们要及时制止纠正，引导孩子，让其认识到电视或游戏里面的某些语言和行为不适用于现实社会，让孩子把虚拟和现实区分开来。

其次，跟孩子提前定好规则。因为孩子不具备很好的自控力和约束力，所以需要家长适当地进行引导和管束。可是我们不可能时时刻刻看着孩子或者跟着孩子，因此跟孩子一起商定看动画片和玩游戏的规则就非常重要。若规则制订得好，孩子也遵守得很好，我们就大可不必担心孩子会受到不良影响。

对此，我们可以制定如下规则：跟孩子提前讲好每一次观看或玩耍的时间，并且必须严格遵守；必须在完成作业的情况下才可以看动画片或玩游戏；不要让幼小的孩子单独看动画片或玩游戏，尽量在父母的视线之内。

最后，转移孩子的注意力。如果孩子每天的空闲时间全都被电视机或电脑占据，家长就要当心了。我们应该让孩子认识到还有很多比这些东西更有意思的事情，同时也要为孩子创造更多的机会去接触虚拟世界以外的真实世界。

孩子之所以会喜欢看电视或者玩电子游戏，大多数时候是因为觉得没有更好玩的事情，其根本原因就是没有人（家长或同龄伙伴）陪伴导致的。因此，家长平时应该多花心思和时间陪伴孩子，培养孩子多方面的兴趣爱好。如果等到孩子已经把看动画片或者玩游戏当成唯一的爱好时，那问题解决起来就要更加困难了。

善于倾听是一个人不可缺少的修养

一位哲人曾经说过："上帝给我们两个耳朵，却只给我们一个嘴巴，意思是要我们多听少说。"社会学家兰金早就指出，在人们日常的语言交往活动（听、说、读、写）中，听的时间占45%，说的时间占30%，读的时间占16%，写的时间占9%。可见，"听"在人们的交往中处于非常重要的地位。善于倾听在人际交往中是非常重要的。

心理学研究表明，越是善于倾听他人意见的人，与他人关系就越融洽。因为倾听本身就是褒奖对方谈话的一种方式，你能耐心倾听对方的谈话，等于告诉对方"你是一个值得我倾听你讲话的人"。一位名人说："学会了如何倾听，你甚至能从谈吐笨拙的人那里得到收益。"

事实上，在谈话中，任何人都不可能总是处于说的位置上。要使交谈者双向交流畅通无阻，就必须善于倾听他人的谈话。善于倾听他人说话的人，不仅能够及时地把握对方的信息，弥补自己的不足，不断完善自己，而且能够让对方产生被尊重的感觉，加深彼此的感情，有利于人际交往。

孩子要与人融洽相处，流畅地交流，必须要先学会倾听。倾听他人不仅仅是一个听的过程，也是一个学的过程。在倾听他人的过程中，孩子可以从他人的言语中学习到一些自己不知道的知识，以及他人为人处事的态度与原则。

但是，在现实生活中，我们往往会发现许多孩子虽然非常善于表达自己，但是却不会倾听他人，无法在与他人交往中体现出真诚，甚至不愿意倾听他人的建议和忠告。因此，培养孩子倾听他人的习惯，从某种程度上说也是在培养孩子的耐性和控制自己的言谈举止的过程，它将使孩子终身受益。

那么，怎样培养孩子养成善于倾听的好习惯呢？

1. 父母要善于倾听孩子的心声

在现实生活中，许多父母都没有认真倾听孩子心声的习惯，这也是孩子无法养成倾听他人习惯的原因。经常有父母这样感叹："孩子有什么话总不肯跟我说，我说什么孩子也不愿意听，真是拿他没有办法。"事实上，父母不善于倾听孩子，孩子说的话就得不到父母的重视，孩子便只会把自己的想法藏起来，而且，孩子还会感觉到父母是不尊重自己的，从此更加减少与父母之间的沟通。这种后果将是非常严重的。

心理学家提示父母说："如果父母从不听孩子说话，孩子长大后往往要经过许多年治疗才能恢复自尊。"事实上，孩子虽然还小，但是他们也有独立的人格尊严，他们也需要表达自己的想法和感受，父母是没有权力剥夺孩子的这些权利的。

倾听孩子的心声不仅是了解孩子心灵的有效途径，也是培养孩子倾听他人的重要方法。父母必须定期抽出专门的时间来倾听孩子的心声，让孩子感受到你对他的重视和赏识。

倾听孩子说话时，父母一定要端正姿态，千万不要摆出一副表面上倾听，实际上千方百计想出一些理由来反驳他的样子，完全不顾及孩子的感受，总是否定孩子的思想，这样孩子便不会再主动与父母交流了。

2. 教育孩子用心倾听他人讲话

许多孩子在倾听他人讲话时往往心不在焉、左顾右盼、处理他事、

摆弄东西、不时走动，这种行为最易伤人自尊，说话的人往往觉得自己不被尊重，因此不愿再讲，更不愿讲心里话，谈话不仅无法收到好的效果，还会影响到双方的关系。

实际上，在人际交往中，孩子不仅要理解他人，而且还必须感受和体验他人的情绪。父母要教育孩子在别人愉快的时候与他分享快乐，在别人痛苦、失落的时候与他分担痛苦和失落，这种用心与人交往的表现必然会赢得他人的好感。

3. 通过游戏训练孩子的倾听能力

一种良好的练习倾听的游戏就是"传话"。比如，妈妈可以向孩子说一段话或者讲一个故事，要求孩子认真地听完，然后让他把这段话或者这个故事讲给爸爸听，妈妈要听听孩子复述得是否准确。或者，几个甚至十几个孩子共同玩这个游戏，大家围坐一圈，由一个人开始，将一段话悄悄传给第二个人，第二个又传给第三个人……如此转一圈，直到最后一个人把话传给发话人。通过这种游戏可以训练孩子的倾听能力。

4. 教给孩子倾听时的礼仪

（1）要面带微笑，不要显示出不耐烦的样子，要让对方感到轻松自如，而不是拘束。

（2）倾听时不要挑对方的毛病，不要当场提出自己的批判性意见，更不要与对方争论，尽量避免使用否定别人的回答或评论式的回答，如"不可能""我不同意""我可不这样想""我认为不该这样"，等等。应该站在对方的立场去倾听，努力理解对方说的每一句话，并可以对他人的话进行重复。

（3）交谈过程中要少讲多听，不随意打断他人的说话。

（4）倾听过程当中可以适当地运用眼神、表情等非语言传播手段来表示自己在认真倾听。尽可能以柔和的目光注视着对方，并通过点头、微笑等方式及时对对方的谈话做出反应；也可以不时地说"是的""明白了""继续说吧""对"等语言来表示自己在认真倾听。

（5）如果对对方谈到的内容比较感兴趣，可以先点点头，然后简单地表明自己的态度，最后再说"请接着说下去""这件事你觉得怎么样？"等，这样会使对方谈兴更浓。

（6）如果对对方的谈话不感兴趣，可以委婉地转换话题，比如，"我想我们是不是可以谈一下关于……的问题？"等。

有礼貌的孩子走到哪里都受欢迎

礼仪是我们中华民族的传统美德，从古至今，源远流长。古代教育家孔子在教育他的儿子孔鲤时就说道："不学礼，无以立。"意思是说，不学会礼仪礼貌，就难以有立身之处。礼貌能让一个人自觉地控制自己的言行，并使之符合道德行为的准则。

事实上确实如此，一个懂礼貌的孩子，无论走到哪里都会受到欢迎，别人也会对他心生好感，自然愿意与他交往；而没有礼貌的孩子，总是让人生厌，当然没有人愿意与他相处。

一个大家再熟悉不过的故事，四岁的孔融之所以使大家敬佩，正是因为他懂得谦让，如果一个文化程度很高，但不懂得礼仪的人，那他也是一个对社会毫无用处的人。因为道德常常能填补智慧的缺陷，而智慧却永远也填补不了道德的缺陷。

耶鲁大学有一批应届毕业生，共22人，实习时被导师带到华盛顿的某实验室参观。全体学生坐在会议室里等待实验室主任胡里奥到来。这时有秘书给大家倒水，同学们毫无表情地看着他忙活，其中一个还问了一句："有咖啡吗？"秘书抱歉地告诉他刚刚用完。当秘书给一个名叫比尔的学生倒水时，比尔轻声说："谢谢，大热的天，辛苦了。"这是秘书这天听到的唯一一句感谢的话。

门开了，胡里奥主任走进来和大家打招呼，没有一个人回应。比尔左右看了看，带头鼓了几下掌，同学们这才稀稀拉拉地跟着拍手，掌声显得很零乱。接着胡里奥主任亲自给大家讲解有关情况，他看到同学们没有带笔记本，就把实验室印的纪念手册拿来送给同学们做纪念。大家都坐在那里，随意用一只手接过胡里奥主任双手递过来的手册。

胡里奥主任的脸色越来越难看，他已经快没有耐心了。就在这时，比尔礼貌地站起来，身体微倾，双手接住手册恭敬地说了一声："谢谢您！"胡里奥闻听此言，不觉眼前一亮，他拍了拍比尔的肩膀问："你叫什么名字？"比尔照实作答，胡里奥主任微笑着点头，让他回到自己的座位上。

两个月后，比尔被该实验室录取了。有几位同学感到不满并找到导师："比尔的学习只算是中等，凭什么选他不选我们？"导师笑道："比尔是人家点名来要的。其实你们的机会是均等的，你们的成绩甚至比比尔还要好，但是除了学习之外，你们需要学的东西太多了，修养是第一课。"

这种修养就是文明礼貌。从这则故事中我们不难看出，修养对于一个人的重要性。比尔之所以在与别人均等的机会面前轻易胜出，完全取决于他不同于别人的良好修养。俗话说得好，做事先做人。一个人的道德修养是其事业能否成功的基础所在。没有修养的人，无论你的学识有多么渊博，也是不受人欢迎的。一个人从小就要不断提升自己的修养，因为人际关系必将决定我们的前途和命运。

因此，家长应当教育孩子从小要讲文明懂礼貌，这是做家长的职责。那么，父母在平常应当怎样做呢？

1. 家长要以身作则

孩子有没有礼貌不是天生的，是后天培养出来的，而且孩子天生就

喜欢模仿别人，所以家长在家里的时候要注意自己的言行举止，注意讲礼貌，给孩子树立一个好的榜样。比如有客人来做客的时候给予热情地招待；接受了别人的帮助以后，要说谢谢；在收到礼物的时候可以邀请孩子和你一起写感谢卡等。有了家长的示范，再遇到类似的情形时，孩子自然而然就会学你的做法。

2. 帮孩子打造干净、整洁的仪表

良好的形象是孩子的第一张"名片"，谁都不会无缘无故地排斥穿戴整齐、样貌干净的孩子。相反，那些邋里邋遢，衣服肮脏，满身异味的孩子，自然没有人想接近他，更别说和他打交道了，所以，孩子有礼貌的首要表现就是有干净、整洁的仪表。

因此，我们就要督促孩子养成良好的卫生习惯，除了早晚洗脸刷牙之外，平时要勤洗澡、勤换衣，不要让孩子养成当众剔牙齿、掏鼻孔、挖耳屎、搓泥垢等坏习惯，让他知道这些行为不仅不雅观，也不尊重他人。

3. 别总批评孩子没礼貌

如果孩子不是特别懂礼貌，我们不能总批评他，越批评，他会越逆反，或者越胆怯，这就越促使他学不会如何讲礼貌。除了我们做出榜样之外，及时提醒和鼓励是很必要的。

亮亮家对面搬来了新邻居，邻居家有一个比亮亮大两岁的哥哥。有一次，哥哥来找亮亮玩，妈妈看亮亮没有主动问好，就说："亮亮，这是谁啊？"

亮亮犹豫了一阵，正在大家都以为亮亮不会打招呼的时候，亮亮大声说："小江哥哥好！"

小江也高兴地回应了亮亮。

此时，妈妈明白了，亮亮刚才是在想，这位哥哥叫什么名字，所以没有特别及时地问好。如果我们没有给孩子足够的思考时间，就轻易说他没礼貌，那真是冤枉他了。我们与其心急地批评孩子，不如把如何称呼对方告诉他，比如说："这是小江哥哥啊！忘记了？"或者事后对孩子说："如果想不起对方的名字，就直接喊'哥哥''姐姐''老师''阿姨'，也总比不吭声强。"这样孩子就不会为犹豫怎么称呼对方而被冤枉没礼貌了。

总之，只要我们常常鼓励孩子，不带责备语气地提醒他，他一定会成为懂礼貌的好孩子的。

孩子应该拥有自己的朋友

成人需要朋友，需要从友谊中得到力量，孩子同样需要。对于孩子的交友问题，父母一般都比较重视，毕竟"近朱者赤，近墨者黑"。父母都希望孩子的朋友是品学兼优的好学生，这样就可以给孩子带来有益的影响和帮助。

但现实情况是，很多父母发现，自己孩子交往的朋友不能令自己满意。这时，有些父母就会按照自己的意愿去要求孩子去选择朋友，殊不知，这样做不但会给孩子带来了一定的心理压力，甚至还会引起孩子的逆反心理。如何正确地对待孩子的交朋友问题呢？这个问题一直困扰着许多父母。

其实，这其中的关键在于父母要转变态度，放开孩子的双手，信任孩子，让孩子自由地交友，让孩子拥有自己的朋友，尊重他的选择，而不是用挑剔的眼光来衡量他们。这样，孩子自然也就会接受父母的帮助和指导。

著名教育家孙云晓教授曾在央视"百家讲坛"栏目中讲道："让孩子拥有自己的朋友比拥有好的学习成绩重要。"

孩子只有有了自己的朋友，他才会有更多的生活体验，学会如何与人相处，如何关心和帮助他人，如何解决与他人的矛盾，如何向别人学习……这样孩子才能从中获得交往的快乐，也才能有健康的人格。

一个没有朋友的孩子是孤独的，而在这种孤独中，孩子很可能会出现各种各样的问题，严重的将来还可能陷入犯罪的深渊。

有个学生的学习成绩非常好，曾拿了全国中学生化学奥林匹克竞赛第一名，也因而被保送到北大化学系。就在他读大学三年级的时候，却因犯故意杀人罪被判处有期徒刑11年。

原来他从小就只知道学习，不会交往，也没有朋友。到大学三年级后，他发现没有朋友很难生活。于是他开始和同宿舍的一个男同学形影不离，两个男生总是粘在一块儿，别人觉得很奇怪，不免议论纷纷。在舆论压力下，那个男生就不和他来往了。他很生气，决心要报复那个男生，于是把一种剧毒的化学物品投放到了那个男生的牛奶杯中……

这个学生在学习上是一个无可挑剔的优秀孩子，他为什么会犯下故意杀人罪呢？这里面，除了他自己的因素外，他的父母也有着不可推卸的责任，他的父母并没有意识到孩子缺乏朋友的危险性，没有意识到孩子有心理上的障碍。

出于对孩子的关心，很多父母都喜欢干涉孩子的交友，以致孩子很难交到朋友，甚至没有朋友。在这个合作的时代里，任何人都不能离开群体独立存在，孩子也是如此。没有朋友的孩子，其内心势必会产生对友谊的极其渴望，行为上的孤僻与内心中的渴望容易造成孩子性格的扭曲。没有朋友的孩子也很难有健康的人格。

当然，让孩子拥有自己选择朋友的权利，并不代表孩子无论交什么样的朋友都可以，这里面还存在一个度的问题，而父母要做的就是适时适当地把握这个度。

小明升入四年级后，他告诉家长自己不是小孩子了，不再用家长接送了。家长很高兴，觉得小明长大了，就同意了他的想法。可是过了一

段时间，小明的学习成绩开始下滑，放学后也不按时回家，也不能像往常一样按时完成作业。后来家长经过了解，发现小明在没有大人接送的这段时间里，每天放学后都和几个小玩伴一起回家。那几个孩子都是比较调皮又贪玩的孩子，经常不按时完成作业，在课堂上还给老师捣乱，并且还经常出入网吧。小明正是因为交上了这样的朋友，才出现了一系列的变化。

对待孩子的交友问题，最好是尊重孩子的选择，让孩子拥有自己的朋友。父母不能以自己的意愿来强求孩子选择朋友，也不能对孩子的交友放任不管。只要孩子的朋友品质上没有问题，父母就不应该干涉他们的交往。

那么，如何才能真正地让孩子拥有自己的朋友呢？以下的几点建议父母可以作为参考。

1. 提早教给孩子正确选择伙伴的方法

应提早教给孩子怎样和伙伴相处，和他沟通、讨论他的需求和困惑，不要等看到危险信号出现了才仓促"应战"。父母要清楚什么是该做的，什么是不该做的。除非你有足够的理由相信，孩子的交友行为是极其危险的，否则就不要干涉他。

2. 不要给孩子施加压力

在孩子交不到朋友时，父母不要施加太大的压力，即使你感觉到孩子是多么孤独。父母可以利用这个时间帮助孩子学习各种可以和他人分享的技能，比如学会下棋、乐器演奏，对音乐或艺术兴趣的开发会让孩子有和他人一起分享的激情；也可以鼓励他们参加足球队或上体操课，这样的活动会让孩子感受到自己是整个团队的一部分，一旦他们有了能一起分享这些兴趣的伙伴，也就不会结交不适当的伙伴了。

3. 尊重孩子间的差异

孩子的社会需求是不同的，了解这点很重要。比如，并不是每个孩子都需要很多朋友，对有些孩子来说，一两个朋友就足够了。

12岁的莎拉·凯勒是一个聪明、创造力强的女孩，喜欢跳芭蕾舞和弹钢琴。当她不是一个人玩的时候，她总是和一个最要好的朋友在一起。她9岁的妹妹雷切尔却恰恰相反。她们的母亲说："我常开车送雷切尔去参加一个又一个社交活动。我曾劝说莎拉多出来活动活动，但我终于发现，莎拉的兴趣和雷切尔不一样。"

4. 别用打骂逼孩子"绝交"

一旦遇到孩子结交了不适当的伙伴，首先要冷静分析，一定不要直接否定，在了解情况时要表现出兴趣。不要只是问一些诸如"他是谁？是做什么的？在哪里认识的？"这样肤浅的问题，应鼓励孩子说出他和朋友之间交往的每一个细节，表示出你愿意和他共同分享的兴趣。尊重并认可孩子的想法，即使你反对他们的交往，也不要急于让孩子接纳你的观点。不妨花时间多和孩子接触，多倾听他的声音，坚持下去就会带来积极的变化。

让孩子学会自己去处理矛盾

园园用积木搭了一个城堡，但她的城堡却搭到了丽丽过家家的"操场"上。丽丽拿着玩偶小马，一下就冲撞到园园的城堡上，把它撞得稀里哗啦。"你撞散了我的城堡！"园园几乎是咆哮起来。"可那是我的小马跑步的地方！"丽丽也非常愤怒。园园一把拿走了丽丽的小马，不还给她，丽丽大声地喊着："还给我！还给我！"这时该怎么办呢？

有的父母也许会想，这时最佳的解决办法就是：要么没收丽丽的小马，要么警告园园到其他的地方搭积木，总之，分开他们，让他们不要互相打搅，也就不会再继续争吵了。但专家认为，帮助孩子们自己去学习处理发生在他们之间的矛盾，要比直接介入去为他们解决、告诉他们具体需要做些什么会更有效。当孩子学会理性地稳住自己的情绪去处理矛盾时，他们的自我控制能力也在提高。

孩子在与人交往中，总会遇到各种类型的人际问题，而学会用适当的方法处理问题，保持与他人友善关系是孩子必备的能力。这种能力是从小练成的，但是，成人用插手的方式会使孩子失去练习的机会。

在德国幽默大师埃·奥·卜劳恩创作的连环漫画《父与子》中，有一幅画面描绘的是，两个小孩打架，打完之后都各自回家告状。不一会儿，孩子带着各自的爸爸来见面，爸爸们开始评理，接着开始吵架，最后升级为打架。打着打着，转过身一看，咦？两个孩子像没事人一样，又一起玩耍了！

这幅漫画带给很多父母不小的启示，它让我们知道，孩子之间的矛盾和冲突根本没有我们想象得那样大，而且是特别容易化解的。但是恰恰因为我们爱子心切，害怕孩子受到伤害，担心孩子不会处理，于是不顾一切地挺身而出，用成年人解决问题的方式解决孩子们之间的问题。殊不知，我们的插手不但锻炼不了孩子解决问题的能力，还会让孩子们因越加依赖我们的保护而丧失自我保护的能力。这样发展下去，孩子不但会变得更脆弱，也会因不会处理矛盾而感受不到与人交往的乐趣，渐渐成为不善社交的人。

所以，面对孩子之间的矛盾，家长不要插手，要给他们自己解决的机会，让他们从中学会自我保护，学会沟通协调，在实践中学会与人交往。那么，当孩子间发生矛盾时，家长应当怎样做呢？

1. 教孩子学会分析问题的根源

4岁的亮亮正津津有味地玩着几辆玩具汽车，在一旁看了半天的邻居小朋友磊磊忍不住拿起其中一辆也玩了起来。亮亮马上想抢回来："这是我的玩具，不给你玩！"磊磊也不示弱，坚持不给……

如果父母采用没收玩具的方法，也许能很快制止孩子们的争吵，但或许孩子以后还会因为其他原因，或者其他事情再次争吵起来。所以，关键是要让孩子认识到问题究竟出在哪儿，然后自己想办法解决。

不妨让孩子们坐在一起，让他们各自说说为何要争吵，这样做的好

处在于让孩子能够彼此倾听对方的想法。

父母可以用一些有帮助性的问题来引导孩子解决当下的问题，例如，"亮亮你能不能和磊磊一起想一个不要吵架也能玩得开心的办法呢？"

让孩子自己想办法，互相商量，取得想法的一致。这样做的好处在于能够让孩子懂得，以后再碰到类似事情该如何解决。

2. 启发孩子想办法解决

星期天，5岁的小军和小伙伴们在草地上一起踢球，妈妈在一旁和邻居聊天。突然，小军叫喊着跑到妈妈面前："小华刚刚踢了我一脚！"这时，小华也跑上前来："是他先骂我的！"

如果妈妈为了平息孩子们的争执，对小军承诺：如果你能和小朋友一起好好玩，我就给你买你最喜欢的玩具。这样做，永远达不到帮助孩子成长的效果，甚至会让孩子产生"就算是表现不好，也能得到好处"的错觉。

因此，如果孩子间起了纷争，家长首先要让孩子说清发生争执的原委。一旦了解了事情的真相，父母可以有针对性地帮助孩子们认识他们之间发生矛盾的原因，尤其是他们各自存在的问题。可以告诉孩子，骂人和踢人都是不友好的表现，不能因为别人先做错了，自己就可以做不好的事情。然后在孩子们都认识到自己的问题后，让他们学会向对方认错、道歉。

在这个过程中，父母应多用"你有什么好的主意？""你觉得你们应该怎么做？"等提问，让孩子感到自己有权利也有责任去思考如何解决自己的问题。

3. 让孩子自己面对矛盾

广场上，3岁的欢欢见娟娟小姐姐在秋千上玩得很开心，他也想玩，但娟娟就是不肯下来。没办法，欢欢只得到妈妈那儿求助，希望妈妈叫娟娟下来，让自己也能玩一会儿。

如果此时欢欢妈妈上前叫娟娟下来，让给欢欢玩，容易引起孩子之间的嫉妒和不平衡。也容易纵容孩子一遇到困难或麻烦，就本能地找父母或老师解决的习惯。

孩子之所以喜欢找成人解决问题，主要是他们害怕与其他小朋友打交道。其实，孩子在很多时候要比成人想象中更懂道理，只要父母告诉他们："玩具要和大家分享。"或者让受委屈的孩子直接对小朋友提出"我们应该怎么做"的建议，这样会让他更自信。下一次，他也就有了勇气自己去处理和小朋友之间的矛盾了。

4. 别数落孩子懦弱

当孩子哭着向我们寻求帮助的时候，虽然我们不轻易插手孩子之间的矛盾，但也不能数落孩子说："你怎么这么老实啊？你太懦弱了！还哭，哭能解决问题啊？"孩子听了这样话，心里会更难受，他原本因无能为力而向我们诉苦，没想到得不到我们的理解，反而还被数落了一顿，下次，他再被欺负了，恐怕也不会告诉我们了。

所以，我们不要指责孩子，而是听清他的描述后，告诉他下次该如何做，把能具体落实的办法教给他，当孩子懂得一些与人相处的规则之后，遇到问题就不会只是无助地哭泣了，他的内心会变得强大，也会知道该如何保护自己，捍卫自己的权利。这样的孩子往往会赢得尊重，受到欢迎。

具备专注力，才能更好地控制行为

苗苗是小学六年级的学生，但成绩一直不佳。苗苗的父母很纳闷，孩子平时在家学习挺用功的，怎么成绩就这么差呢？

一天，班主任的家访揭开了答案。苗苗的班主任告诉她的父母说："苗苗上课不专心听讲，不仅东张西望，还不时吃零食，这就是她成绩一直提高不了的原因。"苗苗的父母此时才恍然大悟。

其实，苗苗学习不专注与父母有一定的关系。苗苗的妈妈看见孩子学习，怕孩子渴了，一会儿送去茶水；怕孩子饿了，一会儿又送上零食，这样就干扰了孩子专心学习，时间长了，苗苗就养成了不专心学习的行为习惯。此时，苗苗的妈妈为自己的行为后悔不已。

专注的品质在人的一生中很重要，它能让一个人更好地控制自己的行为。一个人学习是不是专注，做事情是不是专心，虽有先天性因素的影响，但大多都是像上例中苗苗的情况一样，主要还是由于后天的环境和习惯造成的。所以，父母要注重从小培养孩子专心做事的习惯，帮助孩子提高学习效率，将来能够更快地取得工作及事业的成功。

要让孩子养成专注的习惯，必须从一点一滴的小事做起。家长的行为习惯和在日常生活中展现出的意志品质也很关键，孩子长大的过程也是一种习得过程，倘若家长总是因为小事而随便调整计划，那孩子怎么能从中学会专注和坚持呢?

不得不说的额外话题是，无论是在电视前长大的孩子，还是在电视旁度过大部分闲暇时间的成年人，都应该审视、改变一下自己的生活方式，给自己、给孩子留出一点安静的时间去沉思、去冥想、去安静地读一本书、去享受亲情的温暖与宁静，而不要让纷乱的电视图像牵着我们的鼻子，使我们失去了自我，失去了思考，失去了享受宁静、孤独的乐趣，而最终导致失去了注意力、记忆力和思维的能力。那么妈妈应该如何培养孩子的专注力呢?

1. 充分利用孩子的好奇心

在这个世界上，有许多孩子未曾见过和未曾听说过的新鲜事物，以其独特的魅力吸引着好奇心强的孩子，引起他们的极大关注。因此，父母可以充分利用孩子的好奇心来培养专注力。

实验证明强烈、新奇、富于运动变化的物体最能吸引孩子的注意。转动的音乐鸟笼、会摇头的小木偶等玩具能让孩子集中注意力观察、摆弄。父母可以给孩子买一些类似的玩具，用来训练他集中注意力。特别是0~3岁的孩子，采取这种方法是最理想、最有效的。另外，还可以把孩子带到新的环境中去玩。比如带小孩逛公园，让他看一些以前未曾见过的花草、造型各异的建筑及其他引人入胜的景观;带孩子到动物园去看一些有趣的动物等，利用孩子对新事物的好奇心去培养专注力。

2. 把培养孩子的兴趣与专注力结合起来

兴趣是最好的老师，人们在做自己感兴趣的事情时，总会很投入、很专心，小孩子也是如此。如果儿童在入学前接触的书本知识太多，走进课堂后发现老师讲授的都是自己屡见不鲜、耳熟能详的东西，那么，大多数儿童都会不由自主地精神溜号儿，东张西望，做小动作。在生活

中你常常会看到一些小孩子在按家长的要求做某些事的时候，总是心不在焉，而在做他感兴趣的事情时，却能全神贯注、专心致志。对幼儿来说，他的注意力在一定程度上直接受其兴趣和情绪的控制。因此，父母应该注意把培养孩子广泛的兴趣与培养专注力结合起来。

培养孩子的兴趣，要采取诱导的方式去激发。比如培养孩子识字的兴趣，父母可以利用小孩子喜欢故事的特点，给孩子买一些有文字提示的图画故事书。让孩子一边听故事一边看书，并且告诉孩子这些好听的故事都是用书中的文字编写的，引发孩子识字的兴趣，然后认一些简单的象形字，从而使孩子的注意力在有趣的识字活动中得到培养。

兴趣是产生和保持注意力的主要条件。孩子对事物的兴趣越浓，其稳定、集中的注意力越容易形成。所以父母应注意培养孩子广泛的兴趣，并以此为媒介来培养孩子的注意力。

3. 在游戏中训练孩子的专注力

苏联心理学家曾做过这样一个实验，让幼儿在游戏和单纯完成任务两种不同的活动方式下，将各种颜色的纸分装在与之同色的盒子里，观察孩子注意力集中的时间。实验结果发现，在游戏中4岁幼儿可以持续进行22分钟，6岁幼儿可坚持71分钟，而且分放纸条的数量比单纯完成任务时多50%。在单纯完成任务的形式下，4岁幼儿只能坚持17分钟，6岁幼儿只能坚持62分钟。实验结果表明，孩子在游戏活动中，其注意力集中程度和稳定性较强。因此，妈妈可以让孩子多开展游戏活动，在游戏中培养婴幼儿的专注力。

游戏活动方法很多，比如让孩子"找回不见的玩具"便是一种简单易行培养孩子专注力的游戏方法。其具体做法是：父母和孩子一块取出几件玩具摆放在桌上，并叫孩子清点玩具的数量，让孩子说出玩具的名称，记住玩具的种类。然后，趁孩子不注意的时候，拿走其中的某件或几件玩具，并问孩子："什么东西不见了？"而后，让孩子集中注意力去回想、查看、寻找。这种训练方法简单、灵活而实用。父母还可根据具体情况选择其他类似的游戏方法。

游戏是婴幼儿喜爱的活动，它能引发孩子的兴趣，使孩子心情愉快。父母应该有选择性地与孩子一同开展游戏活动，并在活动中有意识地培养孩子的专注力。

4. 让孩子明确活动目的，自觉集中注意力

孩子对活动的目的理解得越深刻，完成任务的愿望就越强烈，在活动过程中，注意力就越集中，注意力维持的时间也就越长。

比如，一个平时写字总是拖拖拉拉、漫不经心的孩子，如果你许诺他认真写字，按时完成任务之后就送一件他一直想得到的礼物，那他一定会放下心来，集中注意力认真地写字。

在日常生活中，父母还可以训练孩子带着目的去自觉地集中和转移注意力。如问孩子："妈妈的衣服哪儿去了？""桌上的玩具少了没有？"，或是叫孩子画张画儿送给爸爸做生日礼物，等等。这样有目的地引导婴幼儿学会有意注意，可让他逐步养成围绕目标、自觉集中注意力的习惯。

5. 家长不要随意破坏孩子的注意力

当家长在四处寻找怎样提升孩子注意力的"灵丹妙药"时，往往却忽略了另外一点，孩子的注意力很多时候就是在大人以"教育"或"关心"之名的随意打扰中被破坏掉的，而我们却往往没有意识到。

当孩子正在专心地做一件事时，家长要学会"闭嘴"，不要随意进行指导或关心，更不要随便打断孩子，我们只需要在一旁静静地观察孩子，或者干脆离开；当孩子说话语言不连贯甚至表达不清时，请耐心地

听他把话说完；当孩子不愿意接受大人为他强行安排的事情时，请让他先做完自己喜欢的事；尤其是在孩子学习的时候，尽量不要去打扰，不要打断他的思路，更不要随便破坏学习氛围。

当然，培养儿童专注力的方法有很多，其具体实施方法也不尽相同。父母可根据孩子专注力发展的特点，采取适当的方法，有计划、有目的地训练和培养孩子的专注力。只要你采取科学的方法和态度，努力去做，一定会取得成功的。

教育孩子为人要诚实

"牧羊儿与狼"的故事相信很多人都是耳熟能详的，那不仅仅是一种血的教训，还更明确地告诉了我们说谎终究会害人害己，欺骗的行为是很可怕的。林肯曾经说过："你能欺骗少数的人，你不能欺骗大多数的人；你能欺骗人于一时，你不能欺骗人于永恒。"

说谎只是一种行为，是作弊与不负责任在言语方面的表现。但是倘若将其转化成一种习惯，那后果将无法想象。如果孩子有说谎话的习惯，那不但会影响他健全人格的发展，还会影响其人际交往与今后的生活；严重的话，还可能导致其将来走上犯罪的道路。

孩子是我们的希望，所以我们平时一定要教育孩子做一个诚实的人，而诚实的孩子自然会很好地控制自己的行为。

经常说谎就会养成了一种说谎的习惯，而这种说谎的习惯大多数又是从小养成了的。因此，要想使小孩子不说谎，必须先了解小孩子说谎的原因。小孩子为什么要说谎呢？

（1）怕父母或老师的打骂。有些做父母的，每逢小孩子做错了一件事，便要骂小孩子或打小孩子。孩子怕骂怕打，便用说谎来掩饰自己的过错，一旦这种掩饰得到父母或老师的宽恕，那么在以后每逢做错事时，便会通过说谎来求得宽恕。

（2）逃避现实。有时小孩子因为不愿意做某事，便会用头疼、肚子

疼、各种谎言去欺骗父母或老师，而这种谎言又往往会得到父母或老师的同情，于是他们每当遇到不想做的事便说谎去推诿。

（3）好虚名，要面子。一件事本来不是某个孩子做好的，但有些孩子得到奖赏，面子光彩，于是他说谎了；因为一件事没有做好，有些孩子怕丢脸，于是他会说那件事不是他做的。

（4）贪利。很多小孩子为了得到想吃的东西，便会说谎；还有些小孩子为了要得到很高的分数或奖品，便在考试时作弊还硬说自己的本领高人一等。这都是为了贪利的缘故。

实际上，孩子说谎与他们本质的品性无关，这是每个孩子成长过程中常出现的问题而已，关键是进行正确的教育。那么父母们应该怎么做呢？

1. 家长要以身作则

家长是孩子最早的老师，一言一行都会影响孩子的成长。所以，作为家长不要把一些无关要紧的谎言当玩笑，或为哄孩子乱许诺而又不兑现。平时，有错误要大胆承认，为孩子树立榜样，不要认为向孩子认错有损自己的威信。

2. 了解孩子

孩子愿意做什么，能做什么，希望得到什么，你一定要了解。了解了孩子的心理与能力，然后再让他去做某件事。在做事的过程中，你要帮助他去克服所遇到的困难，知道他将事情做成功，并给他适当的奖励。要消除他说谎的动机，鼓励他诚实地去做。

3. 学会应用正的暗示

暗示有两种，一种是正的暗示，譬如有两个小孩子在一起，一个是诚实的，另一个是喜欢说谎的，你要对那个诚实的小孩子嘉许，奖励他，使那个说谎的小孩子感动，走上诚实之道；另一种是反的暗示，譬如你的小孩子跑来报告你一件事时，你要信任他，不要说："真的吗，你不要骗我呀？"如果你这样说，在小孩子的心灵上，就种下一个说谎的种子。我们必须应用正的暗示去感动小孩子，不要用反的暗示去刺激小孩子说谎的动机。

4. 给孩子讲一些诚信故事

有一天，华盛顿在园里砍了一株樱桃树，他的父亲知道了，非常气愤，华盛顿急忙跑去承认，说是他砍的。这时他的父亲不但不责备他，反而嘉许他，鼓励他处处要像这样诚实。此后华盛顿以后不管做什么事也始终牢记父亲的教诲，决不说谎，终至成就了伟大的事业。这样的故事，你要多讲给小孩子听，并拿故事中的人物去做他的榜样。

还可以给孩子讲讲关于诚实的小典故，比如小兔子短尾巴的故事。

很久以前的一天，有一雄一雌两只兔子在小河边玩。它们看到河对面有一片绿油油的青草，就特别想过到河那边去吃个痛快。可是，兔子是不会游泳的，这可怎么办呢？

就在两只兔子犯愁的时候，一只老鳖游到了水面上来。雌兔子红眼珠儿滴溜溜地一转，心里有了主意，并悄悄告诉了雄兔子。两只兔子按计划行事，它们对老鳖说："鳖大妈，听说在这条河里，你的孩子有很多是吗？"

老鳖听了心里乐开了花，它说："是啊，在这条河里，我的孩子数也数不清，要是让它们排成队，在这河面上，可以架两座桥呢。"雌兔子说："你的孩子有我的孩子多吗？我可不信，不会是逗我的吧？"老鳖一听，着急了："我才没有逗你呢，你的孩子有多少？我怎么也没有见到呢？"

雌兔子说:"我的孩子要是都到河边来,怕还挤不下呢。"老鳖有些不相信:"你在吹牛吧?有谁见过那么多的兔子啊?"雌兔子笑着说:"你如果不信,咱们就来比一比,看看谁的孩子多!"老鳖听了急不可待地说:"行,那怎么个比法呢?"雌兔子说道:"你先把孩子都叫过来,然后让它们浮在水面上,从河的这边一直到河的那一边,我从这边数过去,数完之后,我也把孩子叫过来,在河边上排成队,让你来数。"

老鳖爽快地答应了:"好!"

说着,老鳖就钻进水里,把孩子们都叫了过来,然后让它们浮在水面上,整整齐齐地排成了一行,从河的这边一直排到了河到那一边,真的河面上架起了一座"桥"。

两只兔子先后跳到了小鳖背上,它们一边跳一边数:"一、二、三、四、五、六、七、八……"

两只小兔子可得意了,眼看就要到河对岸,雌兔子喊道:"哈哈,我没有孩子呀,老鳖上了我的当喽!"

可惜它们高兴得太早了,就在它们往岸上跳的那一刻,那条长长的尾巴还拖在河里呢,当岸边的那两只鳖发现上了当,就同时张嘴咬住了那两条长的尾巴。

这两只兔子害怕了,它们慌慌张张使劲一拉,结果都把尾巴给扯断了,都只留下了短短的一截。

后来,这两只兔子拥有了很多的孩子。可是,它们的孩子以及后来的所有的子孙也和自己的一样,只有短短的一截尾巴了。所有的兔子都不知道自己的祖先曾经也有过长尾巴呢!

相信小孩子都喜欢听这样的小故事,通过这个故事,让孩子明白一个爱说谎话,利用别人的善良与信任来达成自己的目的的人是非常可耻的,教育孩子不能做这样的人。

培养"财商"，让孩子学会管理自己的零花钱

俗话说，"穷养儿，富养女。"可如今，"富养"越来越深入每一个家庭。现在，很多小孩大都是独生子女，为了让孩子成为"人上人"，很多家长尽可能地满足孩子的各种要求。尤其在物质上，从不吝啬。可怜天下父母"薪"，在一次次慷慨地给孩子零花钱的同时，有没有想过，若不给孩子灌输正确的管理零花钱的道理，不培养孩子的理财能力，孩子势必会养成随意支配金钱的坏习惯，也不利于孩子自控力的养成。

相反，有些父母生怕孩子们乱花钱，总是监督着孩子的每一分花销，一旦发现稍有偏离，就马上制止他们。这样的做法看似帮孩子把钱用对了地方，但是，父母却忘了自己的介入，往往对孩子起不到什么教育作用，反而可能增加了孩子的依赖性。例如，《美国女性》杂志，就记录了一位女士小时候用钱的亲身经历。

妈妈经常会给我和弟弟一些零花钱，为了让我们学会存钱，妈妈给我和弟弟各自买了一个存钱罐。而且只有当圣诞节时，或是家里有人过生日的时候，我们才能按自己的意愿拿这些钱去买些食品或者小礼物。但是，对于我来说，这些钱给我了就是我的，他们不应该再来管我把这些钱用在了什么地方。所以，我总是偷偷地从存钱罐里拿出一些钱，去买我想要的东西。偶尔想要和家里某个人分享我的战利品的时候，也只是让他一个人知道。

但是我弟弟就完全不一样了，我觉得，简直可以用"吝啬"来形容他，因为他从来不乱花钱。如果弟弟存钱罐的钱总是比我的多的话，妈妈很快就会发现我的"小动作"。为了保险起见，我经常会从弟弟的存钱罐里拿出一些硬币，放到我的存钱罐里来保持"平衡"。因为妈妈很少去数我们的存钱罐到底存了多少钱，所以，我的"小伎俩"也从来没有被发现过。

这个实例让我们看到，虽然在父母看来，孩子们的确如他们所愿没有乱花钱，但事实上这种做法可能使得孩子们做了比乱花钱更坏的事情——欺骗。

孩子长到一定的年龄，有了生活自理能力，自己支配零花钱也成为一种客观且合理的需要。父母一定要利用孩子使用零花钱的机会，对孩子的零花钱进行必要的约束，同时不要阻碍孩子独立性的发挥，让孩子在支配零花钱的时候增强理财观念，培养独立自主的能力，并逐步树立自己的价值观。

妍妍今年8岁，上三年级。她每个星期有50元的零花钱，这对于孩子来说已经足够了。可是最近几个星期她的钱花得很快，不到一周的时间就会再向妈妈要钱。妈妈了解到她的零花钱是怎么花的后，才明白孩子不会管理自己的零花钱。

通常，妈妈把钱给妍妍的第一天，她就会很兴奋地拿着钱去买自己喜欢的文具、零食，一点都不懂得规划，也不考虑一周有7天的问题，花钱没有节制。一般到周四左右，妍妍的零花钱就没有了，只能伸手向妈妈要。

妈妈为了锻炼孩子的理财能力，为妍妍准备了一个本子，把50元钱平均摊到每一天，然后让孩子根据数额支配每天的花销，这样就能防止妍妍不到周末就花光钱了。

相信只要父母教给孩子正确支配零花钱的方式，引导他们合理使用零花钱，孩子就能在支配零花钱的时候培养出受用一生的理财能力。

那么，父母具体应该如何做呢？

1. 适时给钱

儿童心理学家认为，个别儿童在二年级就能妥当地支配零花钱，但一般在四年级的时候给零花钱较好，因为这个年龄段的孩子能计划到将来，能为今后的打算而暂时地克制自己，把零花钱存起来按计划使用。

2. 适量给钱

给孩子零花钱决不能随要随给，要定期，不宜多，不要认为爱孩子就要给他多一点儿零花钱，那样反而会助长孩子的浪费习惯和虚荣心理。比如石油大王洛克菲勒，他给孩子零花钱的原则是：七至八岁每周三角，十一至十二岁一元，十二岁以上二元。还发给他们每人一个小册子，每人都要记清支出账目，以备审查。凡钱账两清，用途正当的下周奖五分，反之则减。

3. 教孩子用好零花钱

在孩子支配零花钱的过程中，原则上应由孩子自己决定零花钱的用途，不要硬性规定这不该买，那不能买。应该培养孩子逐渐掌握对各种事物的判断能力，孩子会用适当的标准来决定该买什么，不该买什么。否则会使孩子丧失主体性，只是一味地接受大人的价值观，只敢买家长点头认可的东西，长大后很容易形成依赖性人格。

另外，父母们还应懂得，孩子年龄越小，本能的生理需求越强烈，因为自我意识和社会化水平较低，所以在吃、喝、玩方面的行为就难以节制，这就要求父母要主动帮助孩子养成良好的用钱习惯。比如孩子渴

望买一部学习机，你得和他算一算"账"，使他明白要积攒近半年的零花钱才可以达到目的，如果随便把这些零花钱花掉就买不成了。经常这样引导，让孩子明白节约用钱的道理，并学会同父母商量计划用钱的方法。当孩子用积攒的钱买了非常喜欢的东西后，他的行为就无形中得到了正面暗示性的鼓励。

【家长实践作业】——叠衣服比赛

对于培养孩子的注意力，家长可以利用简单的家务事来锻炼。比如以叠衣服为例，在亲子竞赛中锻炼孩子的专注力。具体可以参照如下步骤：

1. 把即将要整理的衣服放到床上或者其他干净宽敞的地方。

2. 妈妈讲解游戏规则：妈妈主持比赛，孩子和爸爸扮演"妈妈"的角色来整理自己的衣服；由妈妈最终决出游戏中的"贤惠妈妈"；在游戏开始之前，要先获得"妈妈资格证"。

3. 获取"妈妈资格证"的方法：妈妈讲解叠衣服的方法，两名选手都掌握要领后，就可以获得"妈妈资格证"了。

在下面符合情况的括号里面打"√"。

完成情况

孩子学叠衣服时：

很专注（　　）　　一般，有时分心（　　）　　很容易分心（　　）

孩子分心时，妈妈是否表扬爸爸的专心：

是（　　）　　　　否（　　）

妈妈引导孩子和爸爸选出各自的衣服，在数量和类型基本相似的条件下开始比赛。

完成情况

孩子在比赛的过程中：

很专注（　　）　　一般，有时分心（　　）　　很容易分心（　　）

孩子分心时，妈妈是否表扬爸爸的专心：

是（　　）　　　　　　否（　　）

妈妈根据所叠衣服的质量以及比赛过程中的专心程度来评选"贤惠妈妈"。

完成情况

对孩子在游戏中的注意力表现，您是否满意：

是（　　）　　　　　　否（　　）

如果"是"，您是否夸奖了孩子的注意力：

是（　　）　　　　　　否（　　）

如果"否"，您是否给予孩子提醒和鼓励：

是（　　）　　　　　　否（　　）

您把"贤惠妈妈"的称号颁给了：

孩子（　　）　　　　　　爸爸（　　）

对于结果，您是怎样解释的？

第五章
培养责任感，让孩子学会为自己的选择埋单

　　一个负责任的人，面对责任，无论大小，他都不会推卸，因为他知道负责任是一种积极的人生态度。当孩子具有很强的责任感时，他的自我管理能力相对也会更强，做很多事情的自觉性也会更高。这从一定程度上也可以衡量一个人的自我控制能力。

信守承诺，才会做到言行一致

信守承诺是为人的根本，不讲信用，就难以在社会上立足。父母们应该让涉世不深的孩子懂得，人活在世上，必然要和周围的人打交道，而同学与同学之间、人与人之间的关系与友情，需依赖信用来维系。自古至今，人们往往痛恶尔虞我诈、轻诺寡信的行为；崇尚"言必信，行必果"的君子作风。恪守信用的人，在做事和与人交际的时候，都更容易得到他人的肯定，也更容易成功。

因此，父母们应该引导孩子去主动兑现自己的承诺，确保孩子经常做到言行一致，这本身也是为人父母的一份责任。社会心理学家指出，人们一旦主动做出了承诺，那么自我形象就要承受来自内外两方面的一致性压力。一方面，是人们内心有压力要把自我形象调整得与行为一致；另一方面，外部还存在一种压力，人们会按照他人对自己的感知来调整形象。因此，能自觉信守承诺，做到言行一致的孩子，他对自身行为的控制能力，及自我管理方面的表现也会更佳。当然，在孩子成长的过程中，肯定也会遇到孩子变卦的行为，这就需要父母的坚持和引导。

那么，家长具体应该怎么做呢？

1. 家长要做到言行一致

孩子的模仿能力很强，很容易受到某种行为的暗示。如果家长时常言行不一、不履行承诺，孩子就会受到暗示并跟着模仿。所以，要想让孩子学会主动兑现承诺，做到言行一致，父母首先就得自己做个好榜样，以身作则，从而给孩子带来潜移默化的影响。比如，家长若答应了孩子星期天带他到公园去玩，就一定要去。就算临时有事，也要先考虑事情重要不重要，如果不重要，就要坚守诺言；如果事情确实比较重要，一定要向孩子说明情况，并争取以后补上去公园的活动。而且，家长应该尽量避免这种推迟或失约的事情发生，这样才能取信于孩子。

如果家长自己都言行不一致的话，对孩子的教育怎么可能有说服力呢？孩子的很多行为都是在模仿自己的父母，批评孩子，其实就是在批评自己。如果父母要求孩子不要这样做，那么自己首先就要说到做到。

2. 先提小要求，再提大要求

在现实生活中，可能大家都有过这样一种体会，当你请求他人帮忙时，如果刚开始就提出比较高的要求，是极易遭到拒绝的；倘若你先提出比较低的要求，等他人同意之后再适机增加要求的分量，就会更易达到目的。探讨其中的原因，就必须要提到"登门槛效应"。

本来，"登门槛效应"的意思是指推销员一旦能够将脚踏入客户的"门槛"，那么他就有非常大的机会推销成功。之后，心理学家通过研究，沿用此说法，用"登门槛效应"来泛指提出一个大的要求之前，先提出一个较小的要求，从而加大让他人接受大要求的可能性的一种现象。如果父母能把这个"登门槛"原理融会贯通，灵活运用到日常生活中去，那么，即使以前我们眼中"不听话"的孩子，也有可能逐渐变得听话。

比如，对于一个5岁了还需要大人追着喂饭的孩子，如果想培养他自己吃饭的好习惯，就可以循序渐进地去要求他。首先，我们可以从某一天开始，告诉孩子以后吃饭必须坐在餐桌旁，否则就不允许吃饭，并让

孩子做出承诺。一旦孩子答应做到，我们就一定要坚定地照此执行。

然后过一段时间后，我们先表扬孩子能够说到做到，表现很好。接着再给孩子提出其他要求，告诉孩子以后要慢慢学会自己用勺子或筷子吃饭，当夹不好菜时，大人可以帮忙夹。如果孩子同意这个要求，那就继续督促孩子坚持这样做下去。同时，还要教他正确使用筷子的方法，鼓励他学会自己用筷子夹菜，这样他就能逐渐养成完全靠自己就能好好吃饭的好习惯。

3. 要提高孩子的认知水平

信守承诺对人生的积极意义是显而易见的。但孩子由于认知水平有限，往往无法理解，因此也就不重视。这时，就需要父母耐心地告诉孩子守信的意义。当孩子认识到守信对人生有积极的意义时，他就会时时以守信来要求自己。

制订好计划，做事情才能有条不紊

"凡事预则立，不预则废。"做事有计划对于一个孩子来说，不仅是一种做事的习惯，更重要的是反映了他的做事态度，是孩子能否取得成就的重要因素。对于孩子来说，做事有计划是一种需要终生都要保持的良好习惯。因为它可以帮助孩子有条不紊地处理学习和生活中的事情，而不至于手忙脚乱、无从下手。学会制订计划，学会自我规划，这也是衡量一个孩子自我管理能力的重要标准。

然而，在现实生活中，很多孩子都有早晨起床找不到学习用品或者生活用品的现象，这便是做事缺乏计划性和条理性的坏习惯所导致的。做事情缺乏条理、没有计划是儿童时期的一种自然反应，但是，如果父母不注意引导，孩子往往会养成不良的习惯，从而给自己的一生都会带来麻烦。

那么，父母如何培养孩子做事情的计划性呢？

1. 了解孩子做事没有计划性的原因

做事没有计划性是孩子在儿童时期的常见表现，由于孩子的逻辑思维不强，所以不容易将事情安排得井井有条。正是因为如此，我们就常常替孩子安排生活。比如，我们早晨叫他起床，傍晚催促他写作业，晚上监督他按时睡觉，周末还要安排他去哪里玩。于是，孩子常常在我们

的指挥下生活，他根本没有自己做计划的机会。

某些时候，孩子表现出想要自己安排生活的欲望，我们却总是"及时"地打压他，让他听我们的。听话的孩子固然会受到妈妈的喜爱，但是乖孩子却通常很依赖父母。从某种程度上说，孩子之所以乖，是因为他离不开我们，所以不得不"乖"。

而那些想要计划自己生活的孩子，却被我们看作是不听话的孩子，在不断地打压下，他们只好变得没有计划性，凡事听我们安排了。

所以，当孩子想要按照自己的想法做事，按照自己的计划行事时，我们不妨允许他按照自己的计划去做。也许，他的计划没有我们的安排那么合理，但他却能因此养成按照计划做事的好习惯。

2. 告诉孩子做计划的重要性

马上就要开学了，伟伟却开始犯愁，他的暑假作业还有一大半没写，这该怎么办呢？

看着伟伟每天早早起床，连饭也吃不好，"加班加点"地写作业，妈妈忍不住说："刚放寒假的时候我就提醒你做个'作业计划'，你不肯听。早知现在何必当初……"

伟伟皱着眉头说："妈妈，我已经知道错了。以后做事情，我一定先做计划。"

我们平时经常提醒孩子做计划，可他们往往把我们的话当作耳旁风，甚至对我们的"唠叨"产生逆反心理。而当孩子由于做事没有计划性而吃到苦头的时候，我们不妨及时"提醒"他一下，让他牢记做事没有计划性所带来的后果。这样，他就能认识到做计划的重要性了。

不过，需要注意的是，在提醒孩子的时候，我们一定要注意说话的态度，不要采用批评、指责，甚至挖苦的语气去"提醒"他，否则就会招致孩子的反感。

3. 告诉孩子做事情要分清先后

要让孩子养成有计划做事的好习惯，家长就应该让孩子知道，任何时候做任何事情，都要有主次之分，要把事情按照轻重缓急进行排序，那些主要的、重要的事情要先做，不重要的事情、次要的事情可以放在后面完成。

如果孩子懂得了这一原则，做事就会变得有条理起来。

4. 教孩子制订计划

在让孩子制订计划前，父母可以先向孩子说出自己的计划，并且征求孩子的意见，让孩子帮着计划。比如，在周末的清晨，可以这样对孩子说："今天我想好好安排我们的活动。吃完早饭后，我们到公园去看花展；然后回来吃午饭，饭后你小睡一会；下午1点钟我们去少年宫学画画；下午3点我带你去海洋馆，回来后，你要写一篇一天的见闻。你觉得这样安排好不好？"这种方法不仅可以帮助孩子理解计划的重要性，而且，他能够学着去安排自己的事情。

如果孩子对父母的计划提出了疑问或者孩子有了计划的意识后，父母就可以让孩子重新来安排、计划一下。而且孩子在面对自己制订的计划时，往往能够更好地去遵守。如果孩子安排得合理，就按照孩子的安排去做。如果安排得不合理，就要跟孩子讲清为什么。

5. 督促孩子完成计划

在孩子学会制订计划之后，我们就应该督促他完成计划。因为，计划做得再好，如果不去执行，也只是空计划。可是，孩子的年龄小，自

控能力也差，很多时候制订了计划却不能很好地执行。这时我们就应该及时督促他、提醒他，并随时检查他完成计划的质量。这样，才能让他养成按时完成计划的好习惯。

当然，有些时候，因为事前对计划的难度和所需要的时间估计不足，这时候，家长可以引导孩子学会调整计划，使其更合理。

如果不能自我反省，就学不会自控

苏格拉底认为："未经自省的生命不值得存在。"自省即自我反省，是一种提高自身道德修养的方法。通过自省，一个人可以提升自己的思想水准，完善自己的道德境界。自我反省的能力是人们一种内在人格智力，是认识自我、控制自我、完善自我、不断进步的前提条件。

"金无足赤，人无完人。"犯了错误不要紧，重要的是态度。犯了错而不敢承认，是欠缺自信的表现。因为一个有自信、有实力的人，不会为了这一两次的失误，就完全否定了自己的价值和能力。如果知道那些错误，却不反思，反而看着错误不断重演，这非常不利于个人能力的提升。

因此，只有自我反省，才能修正缺失。一个具备反省能力的人有了错误，能主动接受批评和自我批评，认真反省自身缺点，从而不断改进自己、升华自己。学会自我反省的孩子，就等于掌握了自我完善和健康成长的秘方。

但是，人并非生来就懂得自我反省、自我修正，如何才能培养孩子的自我反省能力呢？

1. 让孩子学会接受批评

要教会孩子反省，就得让孩子学会接受批评。如果一个人能坦然地

接受批评，这对于他的成长将是有很大好处的。法国心理学家高顿教授通过一项专题研究证实：那些难以接受批评的孩子长大后，大多会对批评持"避而远之"或干脆"拒之门外"的态度。因此，父母应该让孩子在幼儿时期就学会接受批评，这不仅能够塑造孩子完整的人格，而且可以帮助孩子在其他方面取得成功。

2. 不对孩子的错误横加指责

孩子犯错之后，就会对自己产生责备的情绪，会感到后悔和羞愧。当孩子犯错误时，妈妈不要一味地指责孩子，而要平静地指出孩子的错误，促使孩子学会自我反省，激发起它们内在的纠正错误的想法，这样孩子在今后的生活中，就会少犯或是不犯类似的错误。

形形很喜欢小金鱼，家里鱼缸里的金鱼经常被她背着妈妈拿出来玩。妈妈偶然看到时就会很生气地责备她，但是形形对妈妈的教育根本就听不进去，仍是我行我素。

不久，鱼缸里的金鱼因为被形形经常拿出来玩，都死了。可是这次妈妈并没有去批评形形，但也不买新的金鱼。妈妈问形形："你知道我们为什么不买新的金鱼吗？"形形想了想，说道："因为我总把金鱼捞出来玩，所以它们才死掉了。妈妈我知道错了，我再也不把它们捞出来了。"

妈妈很高兴孩子意识到自己的错误了，这才带着孩子一起去买了金鱼。

每个孩子都希望得到表扬，不希望听到父母的批评，但是适当的批评对孩子的成长是有利的，关键是要掌握好方法。当孩子做错事时，父母不要一味地斥责，这样容易引起孩子的反感，甚至会激发起孩子的逆反情绪。可以采用冷静的态度，从侧面引导孩子进行自我反省，认识自己所犯的过失，从而帮助孩子形成正确的是非观念。

每个孩子都有强烈的自尊心，如果父母用责骂的方式会严重伤害孩子的自尊心，并不能帮助孩子从思想上认识自己的错误。如果父母能宽容地对待孩子，孩子会感谢你的理解，进而自觉地反省和调整自己的做事方法，并会以此作为自己的行为规范保持下去。

另外，父母也不要在外人面前指责孩子，对孩子的批评要符合实际情况，不要夸张，这样才会真正让孩子学会反省。

3. 让孩子承担做错事的后果

孩子做错了事，很多父母常常喜欢为孩子承担后果，使孩子觉得做错了也没关系，因为有父母在帮助自己。父母这样做会使孩子丧失责任心，不利于培养孩子自我反省的能力，今后还会再犯类似的错误，所以，父母应该让孩子自己去承担犯错的后果，这样才会促使孩子学会反省。

老师来乐乐家里家访了。因为最近乐乐上课总是无精打采的，还经常睡着，老师想弄清楚是不是乐乐的家里发生了什么事情。当老师讲明了家访的目的后，乐乐的妈妈立即意识到孩子是因为玩游戏睡觉晚，才导致了现在的状况。

乐乐的妈妈向老师道了歉。将老师送走后，妈妈没有立即批评乐乐，而是将电脑从他的卧室中搬走了，还以减少他一个月的零花钱作为惩罚。乐乐虽然很不高兴，但他也知道这次自己的错误在哪里，也甘心接受了妈妈的惩罚。

作为父母要让孩子懂得，如果是自己办错了事，就该自己负责，从而使其引以为戒。有的孩子弄坏了别人的文具，父母会为犯错的孩子掏钱，让他为同学买新的；有的孩子打球时打碎了邻居家的窗户，父母主动拿钱补偿，这样的做法只会助长孩子不负责任的坏习惯。

所以父母不要事事为孩子承担，孩子做错了事情，要鼓励孩子认

真分析错误，主动承担后果，同时，妈妈还要允许孩子为自己辩解。当然，给孩子辩解的机会，并不是教孩子推卸责任。因为孩子在辩解的过程中，可以让父母了解到了事情的真实情况，从而找出孩子犯错的根源。

4. 用负面道德情感促使孩子反省

父母可以尝试从正反两个方面唤起孩子的反省意识，在生活中经常为孩子灌输诸如正直、善良、勇敢等正面道德情感，也让孩子体验羞愧、内疚等负面道德情感，而且羞愧、内疚等负面道德情感与正面情感相比，更能在孩子的心中留下深刻的记忆，可以促使孩子不断自我反省，区分好坏、是非和美丑，从而改正自己的错误。

5. 让孩子学会总结经验教训

让孩子学会总结经验教训，其实就是在帮助孩子养成自我反省的习惯。当自己的孩子将别的小朋友心爱的玩具弄坏了，你要教会他这样想："如果是我的玩具被他弄坏了，我会怎么做？"当孩子真的开始这样想的时候，他就已经慢慢地在学会自我反省了。

另外，孩子考试成绩好的时候，你要让他学会在心里对自己最近的表现进行评价和定位，然后将自己好的行为继续付诸实践，取得更优异的成绩；如果孩子的成绩不理想，遭到很多人的批评，你也要让他学会总结自己哪些地方做得不够好，应该如何改善。

孩子将结果和过程结合在一起进行自我反省的时候，他们再次行动时就会先考虑再行动，并且会对自己有个更清楚的认识，也会自己判断事情的结果会是怎样。如果最后事情的结果和自己预想的出现了偏颇，他们就会反思自己的行动了，从而调整自己的状态。

很多父母喜欢越俎代庖，替孩子做总结，这无疑会掺杂成人的主观价值观，还代替了孩子思考，剥夺了孩子自己反省的空间，是不可取的。父母要引导孩子进行自我总结和自我反省。如当孩子因为没有听从父母的建议，考试前没有仔细检查学习用具，导致考试时出现麻烦或成绩不理想时，父母不要幸灾乐祸地对孩子说："早和你说了，你自己不注意，现在尝到苦头了吧。"父母的这种态度，只会导致孩子的逆反心理，而不会起到任何教育意义。这时父母可以换种语气来引导孩子："你自己想想，如果你按照我说的那样检查一遍，结果会怎么样呢？"这样孩子会乐于接受，从思想上对自己的坏习惯进行反思。

6. 父母要学会使用"诱导自省法"

诱导自省法，也叫冷处理法。当父母发现了孩子的错误之后，不要急于纠正孩子的错误，也不要急于对孩子进行教育，而是将孩子的错误置于一边，等时机成熟再对其进行教育。这样的教育方式会促使孩子更好地学会反省自己的错误。

列宁的妈妈就擅长运用"诱导自省法"教育孩子。

有一次妈妈带着列宁到姑妈家中做客，列宁不小心把姑妈家的一只花瓶打碎了。姑妈问是谁打碎花瓶的时候，列宁因为害怕受姑妈批评，便说不是他打碎的。

其实列宁的妈妈知道这件事情一定是列宁做的，但她没有马上就揭穿列宁，而是装出相信他的样子，日后也一直没有提起这件事。不过此后，一有空闲的时候，她就有意给列宁讲一些关于诚实守信的美德方面的故事，等待儿子能主动认错，终于有一天，列宁哭着告诉妈妈："我欺骗了姑妈，我说不是我打碎了花瓶，其实是我干的。"

听见孩子羞愧的述说，妈妈欣慰地告诉他，只要向姑妈写信承认错误，姑妈就会原谅他。于是，在妈妈的帮助下，列宁向姑妈写信承认了错误。长大以后，他也通过诚信这种可贵的品质，获得了人民的支持。

列宁妈妈的沉默和有意引导，让列宁深刻地认识到了自己的错误，列宁向妈妈承认错误的时候，已经进行了自我反省。通常孩子会在父母的沉默中反省自己的错误，等孩子考虑清楚后，会主动向父母承认错误，或者父母再找孩子交流，让孩子认识到自己的错误，并帮助他找到正确处理事情的方法，这样孩子就会很容易接受父母的教育。

因此，父母们都应该向列宁的妈妈学习，引导孩子进行自我反省，并针对孩子的思想状况，对孩子进行启发教育，逐渐培养孩子的自我反省能力。

管理好时间，才能掌控好生活

时间对于每一个人来说，都是公平的，一秒、一天、一周、一年……对任何人都是相等的。可是不同的人利用时间的效率却可能完全两样。比如，有的孩子吃饭需要半个小时，而有的却需要一个多小时；对于同一个班级的孩子，有的孩子每天做作业只需一个多小时，而有的却要花上两三个小时；就算是我们这些成年人，不同的人在完成相同的任务时，所需的时间也不相同；等等。

导致以上这些情况的出现，既有个体差异的因素，也有周边环境的影响，不过最主要的原因还是看你能否管理好自己的时间。

只有那些认识到时间的重要性、会管理时间、做事情时又能统筹安排的人，才能体现出时间的价值，才能达到自己的目标。那些不会利用时间的人，一生大多是碌碌无为的。

小涛11岁，已经是四年级的学生了，按说应该能够管理好自己的时间与生活了，但小涛不会。有一次父母外出，天黑了才回家，到家后没有看见小涛，就到邻居家去找，结果看见小涛还在与邻居家的孩子玩游戏，而此时，邻居家都已经吃过晚饭了。

小涛经常如此，如果父母不叫，他和伙伴玩起来就没有个头，一点都没有时间观念。小涛的父母也经常教导他，学习累了再出去玩，玩一

会儿就回来接着学习。虽然每次小涛都答应父母，但每一次父母不叫他他就不会回家。

小涛的父母还因此揍过他，但没有起一点效果，小涛还像以前一样，玩起来就会忘记时间，听不到父母叫就不回家。小涛的父母为此感到很头疼。

孩子一般都没有时间观念，对处理事情的先后顺序也没有清楚的认识，这样在不知不觉中会使大量的时间溜走。父母此时不要只顾责怪孩子，而应该对孩子耐心讲一些因珍惜时间而获得成功的人的例子，引导孩子向那些人学习。同时，父母自己也不要浪费时间，要为孩子做好珍惜时间的榜样。

时间是无情的、吝啬的，但它又是多情的、大方的。对于珍惜它的人，时间让其完成任务、获得成功；对于不在乎它的人，时间也会惩罚他的无知，让其一事无成。

综观历史上每一位成功人士，都是把握时间、管理时间的高手，一分一秒的时间他们都不放过。所有父母都希望自己的孩子将来能有个成功的人生，因此，我们更要让孩子认识到时间的重要性，帮助孩子提高时间的利用率，为孩子以后的脱颖而出打下基础。

1. 教孩子一些关于时间的名言

父母在孩子有了时间概念后，要告诉孩子时间如何珍贵。孩子在最初的意识中有了时间重要的概念，才会珍惜时间。

圆圆在班里年龄最小，但却是成绩最好、办事情最有效率的一个。同学们都很纳闷，对圆圆成绩好做了各种各样的猜测。为解开疑问，也为了广大同学能够借鉴，老师让圆圆讲述自己的学习方法。

圆圆站起来，一句话也没有说，只是翻开自己书本的第一页，并且把它高举起来。

老师先接过书本看了一下，书本的第一页整齐地写着很多关于时间的名言：时间就是生命；一寸光阴一寸金，寸金难买寸光阴；勤奋是时间的主人，懒惰是时间的奴隶；只有抓住了今天，才不会失去明天……同学们这下都明白了，圆圆成绩好的秘诀原来是珍惜时间。

关于时间的名言有很多，父母收集后用此经常激励孩子，并且写到让孩子很容易能看到的位置，会让孩子在不知不觉中学会珍惜时间。时间一长，孩子的时间管理能力也会得到提高。

2. 教孩子学会区分事情的轻重缓急

父母应教会孩子区分事情的轻重缓急，让孩子在第一时间先把那些必须且紧急的事情做完，而后再去做别的事情。这样一来，便合理利用了时间，有利于提高做事效率。

轩轩只有10岁，但却不需要父母吩咐便把自己该做的事情做好。如每个周末，轩轩早晨起来的第一件事情就是打开记事本，写下自己一天要做的事情，并且按照轻重缓急罗列出来。

接着，轩轩按照所罗列的任务单，从第一件事情开始做，做完一件事情才会接着做下面的事情。这样，根本不用大人督促，轩轩不但能很快地把作业做完，同时还有玩的时间，这令父母很高兴。

因此，父母可以每天让孩子把一天的任务写下来，分出哪些是紧急的，哪些是次要的，哪些是必须要做的，哪些是可做可不做的，然后进行一个先后排列。孩子根据排列的先后顺序去做事，就会提高孩子的时间管理能力。

3. 教孩子学会统筹安排

会统筹安排，才会在同样的时间内做出更多的事情，提高时间的利用率。

浩浩与明明是三年级的同班同学，又是好朋友。一次轮到他们值日，浩浩与明明比赛谁做事情的速度快。他们约定每人打扫一半教室，每人擦一半黑板。

比赛开始了，浩浩首先去打水，把水洒到自己要扫的一半教室上，然后在等待水干些的同时，去擦属于自己的那一半黑板。而此时的明明，急忙去擦黑板，擦完黑板后急忙去打水。这时的浩浩已经把黑板擦完了，而教室的地也刚好能扫了，就动手扫了起来。

明明把水洒在地上，却不能立即扫，他只有眼睁睁地看着浩浩把地扫完，而自己还没有动笤帚呢。明明此时才理解浩浩先洒水的用意，原来可以节省时间，他不禁暗暗佩服浩浩。

孩子做事情大多都是一件事情完成后再去做另外一件事情。父母要教孩子学会同时做几件事情，根据事情的特点和需要的时间学会统筹安排，这样才能够节约时间。

4. 帮孩子养成科学的作息规律

科学的作息规律，不但有利于休息，还能提高做事情的效率。

小强是四年级的学生，成绩很好，身体素质也很棒，这都归功于小强科学的作息规律。

每天早晨，小强的父母都让他六点起床，晚上八点休息，以保证小强有10个小时的充足睡眠。这样，小强休息得好，听课的效率就高，形成了一个良性循环。时间长了，小强就养成了每天按时休息、按时起床的良好习惯。

对此，父母可以根据孩子的特点，帮孩子制订一个科学的作息时间。这样孩子的睡眠不但能够得到保证，还能避免孩子在课堂上打盹，从而提高时间的利用率，加强孩子的时间管理能力。

教孩子跟"拖延症"说拜拜

　　小峰今年7岁了，他有个不管做什么事都喜欢磨蹭的坏习惯。虽然已经上小学二年级了，可是小峰做什么事都不紧不慢，起床要半小时，吃饭要半小时，上个厕所还要半小时，别人不催，他更不着急。

　　每天放学回到家后，小峰总是慢悠悠地从书包里拿出书，接着摆在桌子上，然后又磨磨蹭蹭地拿出笔，就那么点事，他却能用半个小时。

　　尽管妈妈一直催促他"快一点，快一点"，但仍起不到效果，甚至对他发火他都无动于衷。有时他看似改了，但过不了几天就又犯了老毛病。

　　很多时候，当孩子做事拖拉时，一些家长会表现得比较性急，动不动就加大嗓门冲孩子嚷，甚至打骂孩子。这些简单、粗暴的方式实际上起不了多少作用，孩子看上去暂时好像是被吓住了，做事的速度加快了，但是一旦风平浪静之后，孩子照样依旧拖拉。因此，要想让孩子不拖拉，家长应改正自己的教育方式。

　　事实上，孩子做事拖拉，可能是个性原因，也可能是从小没有训练好。遇到这种情况，家长要做的是"协助"孩子，而非"制裁他"或"代替他做"。

　　那么，家长针对孩子拖拉的情况，应当采取哪些措施呢？

1. 激发孩子的兴趣

家长可以选择孩子平时最爱听的故事、最爱玩的游戏、最爱看的动画片等，激发孩子做事的兴趣，促使孩子快速行动。如孩子爱听故事，妈妈可以对他说："你快些把餐桌收拾干净，把碗筷放入盆中，我们就可以将昨天的故事讲完了。"用这种方法家长要注意，不能用谎话欺骗孩子，答应的事情一定要兑现，否则，不仅达不到目的，还会对孩子良好品格的形成带来消极的影响。

2. 培养孩子集中注意力

只有集中注意力，才能提高效率。在平时的生活中，家长要教育孩子，不管学还是玩，不管喜欢还是不喜欢的事，都要一心一意地去完成。比如在孩子玩耍的时候，家长不要频繁催促孩子学习，出门旅行也不要总提到学习的事。如果孩子能专心、高效地完成一件事，家长应给予鼓励。

3. 给孩子做好榜样

如果家长也有磨蹭的坏习惯，一定要改，要养成雷厉风行、干净利索的做事习惯，让孩子看在眼里，记在心中。

4. 训练孩子的"手"上速度

很多时候，孩子因为动作的不熟练，缺乏操作的技巧以至于做事慢，家长可通过教给孩子一些基本的技能，让孩子的动作快起来。例如：怎样穿衣服才能穿得更快；怎样能洗漱才能不浪费时间；怎样整理玩具才能取用方便；学习用品摆放要分门归类；先复习后做作业可以节约时间；早晨醒来之后不能再恋被窝；吃饭时不能看动画片；放学回家不能边走边玩；等等。

另外，对于一些手部动作的协调性和灵活性比较差的孩子，家长还应当增加些有针对性的特殊训练，以提高孩子的动手能力。

此外，家长还可通过比赛的方式，提高孩子做事情的速度，如以下三种比赛方式：

(1)让孩子自己与自己比赛。家长可以针对孩子的某一个拖拉毛病，帮孩子设计一张自己与自己"比赛"的成绩表，首先记录下孩子做这件事的最初时间，然后每天记录实际完成这件事的时间，过几天总结一次，促使孩子不断地提高自己。

(2)让孩子与别的孩子比赛。家长可以与孩子一起制定一个和他的同学比谁早到学校的计划，并监督孩子此计划的实施情况；也可让孩子邀请同学到家里做作业，并进行一个比赛，看看谁做得又快又好，谁能得第一。

(3)家长与孩子比赛。竞赛游戏的项目可以多种多样，如比一比看谁吃饭吃得快；比一比看谁衣服穿得快；比一比一起做家务活时，看谁在规定时间内做得又快又好；等等。

总之，生活中许多你希望孩子干得快的事情都可以作为游戏的项目。

5. 拒绝包办代劳

现在的孩子享受了父母太多的精心照料与服务，生活中的许多事情都由大人代劳了，于是便习惯性地形成了对家长的过分依赖，即使是面对一些需要孩子自己完成的事情，他也会在那里不紧不忙地磨蹭着，等待家长的援助之手。

比如，孩子早晨起床后磨磨蹭蹭的，家长由于害怕孩子上学迟到而急得不得了，可是孩子却在一旁依然慢条斯理的，因为孩子心里明白，自己动作磨蹭一点没关系，到时候妈妈会来帮我的，反正上学是迟到不了的。所以，要想让孩子不再拖拉，父母就必须剔除对他的多余的关爱，让孩子远离对父母的依赖，更不能因为看孩子干得慢就包办代替。

6. 让拖拉付出代价

孩子只有在体会到拖拉会给自己带来损失之后，他才能够自觉地快起来，因此，让孩子为自己的拖拉付出代价，让孩子自己去品尝拖拉的后果，不失为一个改掉孩子拖拉毛病的好方法。比方说孩子早晨起床后磨磨蹭蹭，家长不要急，也不要去帮他，可以提醒孩子一下"再不快点可要迟到了"。

如果他仍旧磨磨蹭蹭，不妨任由他去，就让孩子亲身体验一下上学迟到的后果。如果真的迟到了，老师肯定会询问孩子迟到的原因，挨了批评后，他就会认识到磨蹭给自己带来的害处，这样他自然就会有意加快速度。

7. 给孩子多一些鼓励和奖赏

表扬和鼓励比批评和指责能更有效地激发孩子的积极性，孩子受到的表扬越多，对自己的期望也就越高。一般的孩子都较为看重来自外界的肯定或认同，所以，要想让孩子不再磨蹭，父母改变对孩子的评价是必需的。

如果父母能经常对孩子说"你如果再快一点儿就更出色""你看你做得多快""真好，现在用不着老提醒你了"等话语，孩子便会受到正面的外部刺激，而这些真诚的鼓励是能够打动孩子的，孩子为了不让父母失望，下次做事就会有意识地提醒自己快点儿。

另外，为了使孩子更有动力，当他做事的速度比以前加快时，或者当他达到了大人的要求时，父母还可以适当地给予鼓励和物质奖励，比如给孩子加一个小红星，带孩子外出游玩，给孩子买他想要的玩具等。用鼓励和奖赏来"催"孩子做事，往往能够收到很好的效果。

　　总之，拖拉是一种对自己、对他人极不负责任的行为，它不仅会影响一个人的自我控制能力的提高，也是阻碍个人成长的绊脚石。因此，父母要注意培养孩子做事情不拖拉的习惯，那样才能让孩子抓住许多美好的光阴，从而获得更多成功的机遇。

让孩子学会为自己的行为负责

责任感是一个人日后能够立足于社会、获得事业成功与家庭幸福至关重要的人格品质。托尔斯泰认为："一个人若是没有热情，他将一事无成，而热情的基点正是责任心。"

可是，现如今许多孩子出生在幸福的家庭，父母望子成龙心切，在这美好愿望的驱使下，他们心甘情愿地替孩子做一切事，把孩子的责任担到自己肩上。如孩子绊倒了，妈妈会说"凳子是个坏蛋"；吃饭时，孩子把碗碰翻了，妈妈忙怪自己没放好；孩子漏做了数学题，妈妈怨爸爸光顾看报纸，没检查孩子功课；孩子学校春游，妈妈一个晚上醒三次，怕耽误唤孩子早起；等等。西方一位儿童心理学家针对中国存在的这些现象曾说："我不能理解父母们为什么要教育他们的孩子推卸责任。一个不懂得承担责任的人是不会有任何出息的！"

良好的责任心是一个人立足于社会，获得事业成功与家庭幸福的一种至关重要的人格品质。责任心对孩子的全面发展和健康成长，都能起到不可估量的催化和促进作用。一个没有责任心的孩子，即使再聪明、再有知识、再有能力，长大以后也难成大器，因此，培养孩子良好的责任心，是关系到孩子将来的命运，决定着孩子人生的大事。而在激发孩子责任心的同时，也会提高孩子自我控制和自我教育的能力。

一个负责任的人，面对责任，无论大小，他都不会推卸，因为他知

道负责任是一种积极的人生态度。责任也是一种付出，负责任的人在付出的同时会感到快乐，这种快乐会让他的心胸开阔，会让他冷静、成熟。

所以，父母要教育孩子从小对自己的行为负责，不要替孩子承担一切，否则不利于孩子的成长。在孩子的成长过程中，还必须让孩子懂得为自己的错误负责，养成可贵的责任心，这样他才能独立应对生活的考验。

那么，家长应该如何培养孩子的责任感呢？

1. 父母要树立好榜样

父母的行为对孩子具有很大的影响力，父母的一言一行、一举一动，都是孩子效仿的典范。如果父母做错了事情，总是寻找借口，不能勇于承担错误。长此以往，孩子受父母的感染，也会处处为自己寻找借口，逃避责任。一个对孩子、对长辈、对爱人、对家庭、对社会毫无责任感的家长，即使想培养孩子的责任感，孩子也会很不服气，也会很不以为然。

所以，父母要首先为孩子做好榜样，要严格要求自己，特别注意自己的行为规范，那样，孩子在正确行为的熏陶和感染下，就一定会对自己所做的事情具有高度的责任感，进而自觉地去为自己的行为负责。

2. 引导并鼓励孩子勇于承担责任

孩子在犯错之后不敢承担责任或是推卸责任的行为，有时候也会让我们感到恼火。所以，作为父母，要让孩子学会对自己所犯的错误负责。事情的结果即使很坏，只要是孩子独立行为的结果，就应该引导并鼓励孩子勇于承担责任。父母一定不要替孩子承担责任，否则，就等于给孩子提供了逃避责任的机会，会淡漠孩子的责任感。

1922年，11岁的里根因为燃放爆竹违规被警察罚了12.5美元。在当时，一美元能买10只生蛋的母鸡，这些罚款相当于125只母鸡的价钱。父亲替他交了罚款，但却要他归还，也就是让他自己挣出这笔罚款。

为了还父亲的债，里根边刻苦读书，边抽空辛勤打工挣钱。由于人小力单，重活做不得，便尽力而为，或到餐馆洗盘子刷碗，或捡破烂，经过半年多的努力，终于挣足了12.50美元，他自豪地交到父亲的手里。父亲欣慰地拍着他的肩膀说："一个能为自己过失负责的人，将来是有出息的。"

里根的父亲这样要求11岁的孩子，可以说是非常严厉。挣够钱还父亲的艰辛只有里根自己才知道，他在回忆往事时，深有感触地说："通过自己的劳动来承担过失，让我懂得了什么叫责任。"在做了总统后，他还常常提起少年时的这件小事，他认为，父亲教他学会做一个负责任的人，这让他受益一生。

父亲没有替里根承担过错，而是让里根自己承担过失，这使得里根不得不靠自己的劳动去承担他自己应该承担的责任。里根父亲的做法，值得我们借鉴。

3. 让孩子学会为自己的过失负责

很多父母看到孩子犯错以后，便严加管教，但大多数都是简单的打骂，或者进行体罚。这种管教方法并不是在引导孩子为自己的过失承担责任，相反，孩子只会把那些不愉快的经历和教训记在心上。即使孩子不再反抗，那也只是迫于父母的压力，其实孩子并没有真正明白其中的道理。

"要从犯过失的痛苦中走出来。"马里兰州的心理学家塞奇斯说。他提醒父母不要总盯着孩子的过失不放，但要让孩子从过失中吸取经验教训。

黄思路的妈妈曾经说过这样一件事。

"女儿做错事的时候，我的办法是让她自己承担后果，也就是让她'自作自受'。她出了差错，就得承担责任。她上小学时，有一次到学校排练，走时因为匆忙，忘了拿磁带。我发现了，却没作声，因为我想，提醒她一次，她的依赖心理就会增加一分，那么以后我还要提醒一百次、一千次，不如现在让她受点挫折，让事实来教育她。女儿快到校门口才想起来，可是时间不允许她回家取了。她赶快往家里打电话，让我给她送到学校去。当时我放暑假在家，完全有时间给她送去，但是我对女儿说，你自己犯的错误，不应该惩罚妈妈。我让她先到学校报到，向老师说明情况，把节目顺序调一下，再回来取磁带。事实上，我让她多跑了这一次，后来她却少跑了无数次，因为她记住了这个教训。"

在孩子处理自己的事情时，父母要教育孩子不对的事情绝对不能去做，即便做了也应该自己负责任。父母不要替孩子承担责任，要受什么处罚就让孩子自己去受。

借口来了，责任心溜了

吃完饭，妈妈让孩子把收拾好的碗筷送到厨房，孩子不情愿地过来捧住三个空碗就走，然而由于心不在焉，碗从手里滑了下去，摔碎了。妈妈闻声赶来，孩子却撅起小嘴，看着妈妈说："都怪这碗又滑又重，它自己从我手里掉下去摔破了。"

妈妈本以为孩子会为自己打碎碗的行为懊悔，还准备要安慰她一番呢，没想到孩子却为自己不小心打碎碗找了这样一个借口。妈妈生气地质问女儿说："做错了事情就要知道认错，要承担责任而不是去找借口。"

没有想到孩子一听此话"哇"的一声大哭了起来，一边哭一边说："就是碗太滑了才摔碎的，不是我的错误。"

这个孩子做错了事非但没有认识到自己的错误，反而却一味地为自己找借口，有这种习惯对孩子的影响是非常不利的。借口是不想担负责任的托词，是不信守承诺的反映，是畏惧困难不求上进的表现，借口会在不知不觉中消磨人的意志，它直接阻碍着一个人将来的成功与否。

事实上，借口在人们的生活中几乎随处可见。孩子撞到桌脚上，哭了起来，奶奶赶快上前拍打桌脚，埋怨它碰着了孩子，结果孩子转哭为笑；父母许诺孩子成绩达到了多少名之后带孩子出去旅游，孩子用心学习实现了父母所定的目标，父母却怕破费，找借口说现在没工夫，以后

抽时间再带孩子去；还有的人担心自己完不成上级所交的任务，拿自己身体不适、没病装病找借口；等等。

孩子们总是通过家长的言行来判断、认识和评价周围的世界，其言行在很大程度上是家长们言传身教的结果。家庭又是孩子健康成长的第一个生活场所，孩子们会模仿家长们的一言一行。当我们还没有意识到自己的言行在影响孩子时，影响却早已发生、存在了。当孩子亲眼看着父母找借口，把明明因自己的错误而导致的不良结果推脱掉时，孩子也会跟着学会找借口。而一个人一旦习惯了找借口，那么当他做错了事后，首先想到的就是把责任推给别人，而不是去从自身找原因，更别谈取得进步了。

著名的美国西点军校有一个悠久的传统，遇到学长或军官问话，新生只能有以下四种回答，除此之外，不能多说一个字。

"报告长官，是。"

"报告长官，不是。"

"报告长官，我不知道。"

"报告长官，没有任何借口。"

新生可能会觉得这个制度不尽公平，例如军官问你："你的腰带这样算擦亮了吗？"你当然希望为自己辩解。但是，你只能有以上四种回答，别无其他选择。在这种情况下，你也许只能说："报告长官，不是。"如果军官再问为什么，唯一的适当回答只有："报告长官，没有任何借口。"

这既是要新生学习如何忍受不公平——人生并不是永远公平的，同时也是让新生们学习必须承担责任的道理：或许现在他们只需恪尽军校学生，恪尽职责，但是日后他们肩负的可能是其他人的生死存亡。因此，"没有任何借口！"

很多从西点军校出来的学生，日后都成了杰出将领或商界奇才，可以说这都是"没有任何借口"的功劳。

因此，作为父母要想让自己的孩子将来有所成，就应当从小培养孩子的责任心，让孩子意识到自己的事自己负责，不再找任何借口。

那么，父母应该怎样做呢？

1. 父母要做出不找借口的榜样

如父母一定要用行动告诉孩子：说过的话一定要算数，不要为不想践诺找借口。父母为了让孩子达到某个目的而给出了一定的许诺，当孩子经过努力达到目标后，如果父母找各种借口不兑现诺言，那孩子下次就不会再相信父母了，同时还有可能会学着父母的样子去找借口。

2. 教孩子多从自己身上找原因

一般的父母，在孩子跌倒后会用埋怨砖块的话来止住孩子的哭声。这种找借口的行为会使孩子在潜移默化中学会为自己的失误找借口。因此，父母应该学习好的做法，让孩子吸取教训，而不是随时去找各种借口。

3. 告诉孩子找借口的危害

如果父母发现，孩子做错了事情就找借口把责任往别人身上推，或者遇到困难就向后退，还找借口为自己开脱，那么父母就要及时揭穿孩子的借口，并给孩子讲明找借口的危害。父母要让孩子学着担负责任，遇到困难时要迎难而上，告诉孩子做错了事就要吸取教训，知错就改，这样才能成长为一个知道负责、懂得上进的人。

4. 及时表扬孩子不找借口的行为

孩子不管有什么不良的习惯，都不可能一下子全部改掉。在孩子减少不好的行为时，父母应当及时关注并提出表扬，这样才能提高孩子继续改正的积极性，最终达到戒除孩子爱找借口等坏习惯。

独立思考对孩子很重要

现在的很多独生子女都有一个明显的缺点，就是缺乏独立思考的精神。学会独立思考是每个孩子所必须具有的能力，因为这不仅仅会让孩子在自我反思和审视中找到解决问题的方法，也是一个孩子走向独立的重要标志，所以父母一定要在平时就好好培养孩子独立思考的习惯。

美国学者黄全愈博士讲过这样一个故事。

美国小学教师达琳在昆明进行教学交流时，因为看到中国孩子们的画技十分高，有一次就出了一个"快乐的节日"的命题，让中国孩子去画。结果，她发现很多孩子都在画同一样的东西——圣诞树。

她觉得十分奇怪，怎么大家都在画圣诞树？开始她想，可能是中国孩子很友好，想到她是美国人，就把"快乐的节日"画成圣诞节。但接着她又发现，怎么大家画的圣诞树都是一模一样的呢？

结果她发现孩子们的视线都朝着一个方向去，她顺着孩子们的视线看去，发现墙上画着一棵圣诞树。

于是，达琳把墙上的圣诞树覆盖起来，要求孩子们自己创作一幅画来表现"快乐的节日"这个主题。

令她更感吃惊的是，当她把那墙上圣诞树覆盖起来以后，那群画技超群的孩子们竟然抓耳挠腮，咬笔头的咬笔头，瞪眼睛的瞪眼睛，你望我，我望你，就是无从下笔。

达琳不得不又把墙上那幅圣诞树揭开……

是的，达琳面对的这群小"绘画天才"，只能够模仿，不知道怎样创造，不会独立思考，"快乐的节日"应该是一幅什么样的画面？应该放上什么景物、什么人？如何安排画面的布局？

例子虽小，可是却非常具有普遍性，指出了国内学生普遍存在的痼疾，那就是不会独立思考！他们面对考试，总是尽可能多地做题，记住各种题型的解法和标准答案，而不是在用自己的脑子分析、思考。

人总是会遇到困难，遇到了困难我们当然要想办法解决。可是要如何解决呢？这就需要我们启动脑筋，思考解决问题的方法。如果我们只是教会孩子面对困难不逃避、不放弃，而不教会孩子如何思考，如何解决困难，这也是不行的。平时家长更应该千方百计为孩子创造独立思考的条件，培养孩子独立思考的能力。因此，父母在平时应当注意以下几点：

1. 要保护孩子的好奇心

好奇是孩子的天性，孩子对周围的世界充满了强烈的好奇心和求知欲，在他的眼里，什么都是新奇的。玩具玩到一半，拆开看看；见到不认识的东西，他也会凑上去摸摸；看到蚂蚁搬家，一看就是一个小时；听到闹钟响，他会好奇地拿在手里摇一摇；等等。这些好奇心对孩子来说是一种宝贵的人生资源，孩子只有对一件事充满好奇，他才会主动地思考与这件事有关的东西。

明明是个调皮鬼，任何玩具到他手里，玩不了两天就会被他大卸八块。

妈妈很生气："你怎么一点都不懂得爱惜玩具啊！"

明明不服气："我只是想看看小汽车是怎么跑的。"

妈妈愤怒道："既然你这么不爱惜玩具，那以后再也不给你买了。"

爸爸把明明拉到身边："我问你啊，你发现汽车会跑的秘密了吗？"

说到这，明明的眼睛亮了起来："爸爸，有轮子，轮子动，小汽车就跑得非常快！"

"那你知道轮子为什么会动吗？"爸爸启发道。

"不知道，我找了半天也没有找到原因。"明明觉得有点不好意思。

"没关系，你把小汽车拿来，我们一起找找。"爸爸安慰明明。

明明捧着一堆"汽车零件"，放到地板上。

爸爸拿起里面一个挺重的铁轮子，告诉明明："当车轮转动时通过齿轮让惯性轮以更快的速度旋转，较大的惯性轮也意味有较大的惯性，当惯性轮快速转动时就可以反过来带动小车前进了。"

明明有点不相信地问："真的吗？"

"你可以试试啊！"爸爸答道。

"可是这都坏了怎么办？"明明抱怨道。

"没关系，还可以修的，你试试，一定行。"爸爸边说边把汽车零件放到明明的手里。

明明觉得还挺有意思的，就坐在地板上，维修那辆惨不忍睹的小汽车。遇到不明白的问题，就抬起头来问一下爸爸。当他拿着自己修好的汽车时，心里甭提有多高兴了。

从那之后，明明遇到玩具还是会拆开来看看，但是每次他都尽力将玩具恢复原状，不管花多长时间，明明也能坚持到底。

通过上例，家长们应该明白，每当孩子拆坏一件东西时，不要忙着责怪他，应注意如何引导他一起把拆坏了的东西修好，并讲明原理。这样才能满足孩子的好奇心，才能有意识地启发他积极思考、寻找答案。

2. 要鼓励孩子有自己的见解

孩子的脑袋里装满了千奇百怪的想法，我们不要以自己固有的想法干预孩子，要允许孩子标新立异。

一天晚上，妈妈给欢欢讲了这样一个寓言故事：

"宙斯想要为鸟类立一个王，于是指定一个日期，要求众鸟全都按时出席，以便选它们之中最美丽的为王。得知消息后，众鸟都跑到河边去梳洗打扮。寒鸦知道自己没有一处漂亮，便来到河边，捡起众鸟脱落的羽毛，小心翼翼地插在自己身上，再用黏胶贴住。指定的日期到了，所有的鸟都一齐来到宙斯面前。宙斯一眼就看见了花花绿绿的寒鸦，在众鸟之中显得格外漂亮，准备立它为王。众鸟十分气愤，纷纷从寒鸦身上拔下本属于自己的羽毛。于是，寒鸦身上美丽的羽毛一下全没了，又变成了一只丑陋的鸟了。"

讲完后，妈妈要求欢欢说出这篇寓言故事的意义。欢欢答道："嫉妒和报复比自己漂亮的人是不对的。"妈妈听完后发现与书上给的答案不一样就对欢欢说："这篇故事是告诉我们，借助别人的东西可以得到美的假象，但那本不属于自己的东西被剥离时，就会原形毕露。你说的是不对的，记住正确答案了吗？"欢欢点点头。从那以后，故事就变成了妈妈读，欢欢听，欢欢再也不敢随便发表自己的看法了。

我们不能认为孩子和我们想的不一样，就一定是我们对了。世上有很多事情是不能以对错论是非的，况且我们的想法很多都局限于书本。这么做，只能使我们的孩子变成一个被动接受他人思维的"容器"。

父母应鼓励孩子有自己的见解，即便再离谱、再"奇思妙想"，也不要告诉孩子，"你错了，正确的答案应该是这样的……"因为孩子发表意见，展现的是自己的思维能力，这往往是孩子对问题进行缜密思考后给出的答案，也是孩子具备独立思考能力的重要表现。

不要看轻孩子的这种想象力，更不要扼杀这种想象力，有时候，一些世界级难题的解决靠的恰恰是这种灵机一动的思想火花。

3. 让孩子学会自己思考解决问题

由于孩子的认知水平有限，常常会问很多奇怪的问题："花儿是怎么呼吸的？""太阳的家在哪里？"……而且喜欢打破砂锅问到底。父母一定不要直接给出自己的答案，否则时间长了，孩子会对父母产生依赖心理，不会自己动脑思考，也就难以养成独立思考的习惯了。聪明的父母面对孩子问的问题时，不是告诉孩子答案，而是教孩子解决问题的方法，让孩子从中学会独立思考。

孩子跑来问妈妈："妈妈，我是从哪来的啊？"

妈妈开玩笑的回答："你猜猜？"

"我是不是也是从妈妈的肚子里出来的"，孩子疑惑地说，"就像是小猫从它妈妈的肚子里出来的一样吗？"

妈妈笑了："是啊！你好聪明哦！"

"可是我长得这么大，妈妈的肚子那么小？"孩子依然不满足。

妈妈并没有直接告诉他，一个新生命的诞生是由精子和卵子结合而来的。她只是微笑着对孩子说："你再好好想想。"

孩子思考了一会儿："妈妈，我以前是不是很小，所以可以钻到你的肚子里。"

"怎么想到你以前很小的呢？"妈妈问。

"因为妈妈总说我长高了，我现在长高了，那不是说我以前很小。"

"对啊！你真会思考。"妈妈觉得孩子聪明极了。

孩子寻找答案的过程就是一个思考的过程，他不断地提出问题，又不断地思索答案，思维能力就得到了相对的提高，这对培养孩子独立思考问题的能力非常有好处。

有的父母在孩子遇到困难的时候，并不是让孩子自己想办法去解决，而是一门心思地想着如何替孩子解决这次的麻烦，根本不考虑孩子的意见，不给孩子独立思考的机会和空间。这样的做法，父母们都明白是错误的，既然明白，我们就要做到不要直接代替孩子解决问题。

4. 丰富孩子的知识与经验

孩子进行思考需要丰富的知识与经验做基础。许多孩子之所以想问题想到一半，不是因为他不知道该如何思考，而是缺少了必需的知识和经验，使问题无法继续下去。

在平常的生活中，父母要刻意给孩子选择一些儿童读物，教会孩子使用查询工具，带孩子多去几次博物馆之类的地方，丰富孩子的知识与经验，拓展孩子的思维领域。

要知道，孩子的知识越丰富，思维也就越活跃。他们会不断从书本、生活中发现感兴趣的问题，并进行思考。长此以往，孩子的思维也会越来越敏捷。只有这样，孩子才能在面对困难时能及时找到解决问题的方法。

著名教育学家苏霍姆林斯基曾经说过："一个人到学校上学，不仅是为了取得一份知识的行囊，主要的还是为了变得更聪明。因此，他的主要的智慧努力就不应当用到记忆上，而应当用到思考上。"所以，引导孩子独立、积极地思考也是父母义不容辞的责任。

在人的一生中，困难是如影随形的，应该让孩子在遇到困难的时候学会思考，寻找解决问题的办法。与其给孩子一条鱼，不如给孩子一支钓竿，让孩子在任何时候，都能依靠自己找到解决问题的办法。这对于孩子来说，才是一笔宝贵的财富。

有些事情，让孩子学会自己做主

洋洋刚上二年级，课余时间特别喜欢打乒乓球，而对踢足球不感兴趣。但他却有个足球迷的父亲。

父亲看到洋洋经常去练习打乒乓球，就教训他："小球没有出息，去练大球！"

洋洋不愿意踢足球，父亲就强迫儿子和他一起去足球场练球，弄得洋洋总是不开心。

现实生活中，像这样的事情常常发生。女儿想学长笛，母亲却非要她放弃长笛改学钢琴；儿子喜欢文科，父母却以"学好数理化，走遍天下都不怕"为理由，为他选择理科……一个人不能选择自己喜欢做的事情是痛苦的，对此，成年人应该感受最深。父母同样应该明白孩子也是人，也有自己的喜好，强迫他们去做不愿做的事情，孩子总会不开心。要是让孩子按父母的意图去行事，就可能引起孩子的敌对情绪和反抗。

当然，有些父母可能会说这样"难为"孩子，其实是"望子成龙心切"，是善意的。但是，父母的"善意"有可能带来"恶果"，这等于抑制了孩子的长处，而放大了孩子的短处，有时可能会弄得孩子对自己的长处与短处都没有了兴趣，结果得不偿失。

也许有的父母这样认为，孩子是自己生命的延续，那就应该把自己未实现的理想让孩子去实现。可孩子们并不接受，他们觉得自己的事应该自己做主。于是，两代人之间产生了分歧。

其实，从孩子呱呱坠地的那一刻起，做父母的不仅给了孩子生命，也给了他们作为一个独立个体存在于这个世界的权利。

"生命的价值在于选择。"孩子的自主性在他的自主选择上表现得最为明显。但不少父母怕孩子选择错误，从来不给孩子选择的权利，还总是忍不住要替孩子做选择。这样做就使孩子失去了锻炼的机会，当一遇到要选择的情况时，他就拿不定主意，只能听从父母的决定。久而久之，孩子就会形成没有主见、做事犹豫不决的性格，而这种性格上的缺陷，会让孩子很难自我掌控自己的行为，对孩子的成长很不利。

首先，那些没有主见的孩子，在心理上是自卑的。即对自己的知识、能力、才华等做出过低的评价，进而自我否定。自卑的人在交往中，虽有良好的愿望，但是总是怕别人的轻视和拒绝，因而对自己没有信心；虽很想得到别人的肯定，又常常很敏感地把别人的不快归为自己的不当，所以总是一味责备自己，讨好别人。

其次，没有主见的孩子因为对自己没有信心，所以对某些事情难以下决定。总是瞻前顾后，犹豫不决，容易受他人影响。

再次，没有主见的孩子遇事优柔寡断，拿不定主意，是意志薄弱的表现。他们在做一件事情之前往往要经过反复比较，反复动摇，结果错过了成功的最佳时机，最后一无所获。

最后，没有主见的孩子的口头禅是"我再想想""我先问问我妈妈""我不知道对不对"，也因为如此，很多人不喜欢与没有主见的人交往。

总之，是否具有选择的能力及选择能力的强弱又对人的成功与否起着至关重要的作用。可以说，人是在各种各样的选择中度过人生的每一步的。其中，有些选择会直接影响自己或他人一生的命运。而优柔寡断、犹豫不决，正是选择的大敌。

因此，为了孩子健康的成长，父母最好就是"适当放手"，让孩子自己做决定。可以给孩子制定一个基本的底线——只要不做坏事，也不偏离人生轨道，就放手让孩子去决定和掌控自己的人生，只有在非常有必要的时候再去帮助孩子。

对此，父母应该注意以下几点：

1. 孩子的事要征求孩子的意见

很多父母在要求孩子做事时，往往喜欢用命令的口气："就这样做怎么能行""你该这样做""我不允许你和谁谁交往"，等等。这种命令的语气只会让孩子觉得家长的话是说一不二的，自己只能服从家长的意志行事，而孩子这样做心里能高兴吗？

所以父母不妨将命令式语气改为商量式语气，比如："这件事怎样做更好呢？我想能不能这样做？""我想你先完成作业再看电视会更好一些！"等等。这种表达方式会让孩子感觉到妈妈对自己的尊重，从而帮助孩子建立独立思考的意识，提高孩子按自己的意志主动处理好事情的能力。

孩子虽然年龄小，但也有自己的思考和想法。父母应该给孩子表达意愿和想法以及自己进行选择的自由和机会。比如，给孩子买玩具时，家长要征求孩子的意见，尽量买孩子喜欢的玩具；在超市购物时，可以让孩子选择购买自己喜欢或者需要的物品；给孩子报特长班时，也应该让孩子自己去选。孩子的意见和想法，家长要多多支持。

2. 让孩子在限定范围内选择

有位美国家长，带着他3岁多的女儿去吃饭，在饭桌上，女儿不肯喝果汁，嚷着要和大人一样喝可乐。

3岁的孩子有这样的行为是正常的，但是，在中国家长看来，孩子这样是"不乖"的表现，可是，这位美国家长却没有强求孩子喝果汁或可乐。

当着客人的面，这位美国妈妈说："喝完你杯子里的果汁，可以在我杯子里喝一口可乐。"这其中隐含的选择是：你可以不喝果汁，但也没有"可乐"喝。

这位美国家长很具体地给了孩子选择的机会，以及每种选择行为的结果。在整个过程中，妈妈对女儿没有提什么要求，只是让女儿自己选择做决定。

后来，3岁多的女儿想了想，还是喝完了自己杯子里的果汁。这位妈妈说话算数，当场兑现，笑眯眯地允许女儿在自己的杯子里喝一口可乐。

孩子由于知识、经验的缺乏，面对过多的自由和选择，反而不利于他选择和做出决定。因此，父母可以给孩子一定范围的选择权利，也就是让孩子在限定的范围中进行选择。这样，孩子会逐渐树立起适当的选择意识。

3. 让孩子自己做选择

美国前总统富兰克林幼年时长着碧蓝的大眼睛，鼻梁挺拔端正，一头金色的卷发，显得英俊、神气，很招人喜爱。妈妈很喜欢用各种服装来打扮年幼的富兰克林。

但是，有时妈妈为他选择的衣服，富兰克林并不喜欢。

有一次，妈妈想给富兰克林穿绉边的套装，富兰克林大胆地说出了自己的不满。

妈妈又想说服富兰克林穿苏格兰短裙，富兰克林同样拒绝了妈妈的好意。最后，征得富兰克林的同意后，妈妈为他选择了一身穿水手服。

关于这段故事，富兰克林的母亲萨拉在《我的儿子富兰克林》一书中这样写道："我们做妈妈的对于衣饰的品位虽然高雅，可是我们执拗的儿女却并不喜爱。"可敬的是，富兰克林的妈妈并没有强迫孩子听从自己的意见，而是非常尊重孩子的意见。萨拉是这样解释的："我们从来不曾试图对他施加影响来反对他的喜好，或者按我们的模式规定他的人生道路。"

从这件事上可以看到，只要父母肯放手让孩子自己去做决定，孩子也会让父母惊喜于他的成长。所以要想让孩子具有自主性，父母就应该适当放手，让孩子自己去做事情，信任他、尊重他，没有必要就不要横加干涉，孩子才会在家长的信任中健康成长。

【家长实践作业】——帮孩子建立规则意识

下面的几种情境，是家长在日常生活中会经常碰到的。那么，请您想一想，如果碰到这些情境时，家长怎样做，才能增强孩子的规则意识？

情境1：孩子的房间里面到处都是玩具。

不合理做法1：妈妈自己把玩具收拾好。

不合理做法2：对孩子说："现在把这些玩具收拾好！"

建议做法：

可以这样对孩子说："如果你让妈妈帮忙收拾玩具，那三天以后才能再玩这些玩具。现在，你是想自己把玩具收拾好，还是让妈妈来帮忙收拾呢？"

情意2：上床睡觉的时间到了，可是孩子却盯着电视不肯去睡觉。

不合理做法：关掉电视，强迫孩子去睡觉。

建议做法：

可以这样对孩子说："刚才妈妈没有提醒你，这样吧，你再看5分钟，5分钟之后你就得上床睡觉了。"

情意3：吃早餐的时间孩子没有好好吃饭，现在饿了。

不合理做法1：对孩子说："下次不能再这样了，给，再吃点吧！"

不合理做法2：对孩子说："叫你吃饭的时候不好好吃，我告诉过你一会儿你会饿的！"

建议做法：

可以这样对孩子说："我了解这种感觉，孩子，因为我吃得很少的时候也会饿。不过我们会有一顿很丰盛的午餐，你再等等吧。"

第六章

磨炼意志力，让孩子成为一个内心强大的人

意志力是心理学中的一个概念，是指一个人自觉地确定目的，并根据目的来支配、调节自己的行动，克服各种困难，从而实现目的的品质。意志力强的孩子会像挺拔的大树一样，在遇到狂风暴雨时虽然会弯曲，但在风平浪静后会变得比原来更强壮。通常意志力强的孩子，其自控能力也很强。

坚持梦想才能飞得更远

强强的梦想是当一名警察，他经常对爸爸说："穿上警服真是帅气！"

进入小学后，强强是班里的纪律委员。也为此，强强经常与同学之间产生矛盾，强强非常沮丧。有一天，他对爸爸说："我以为当一名警察很威风，没想到我连个纪律委员，以后要是当警察可怎么办呀？我还是不当警察了！"

小孩子的可贵之处就在于他们无所畏惧；他们不怕不完美，不担心自己不知道怎么办；他们为了心中的梦想只顾大步冲上前。然而，梦想的实现同样需要自控力的伴随，只有提升自控力，时刻约束自己的行为，并始终朝着梦想的目标去努力，才能抵达成功的彼岸。

遗憾的是，社会环境会很快改变了这一点。在孩子长大一点儿时，社会教导他们要避免失败。我们教育中的等级体系更是深化了这个观点。于是，一旦出现挫折，孩子就会放弃自己原有的梦想。

实际上，最初的梦想对于孩子今后的成功非常重要。

1925年，在德国一个叫维尔西茨的小镇上，有一位13岁的少年用6支特大的烟火绑在他的滑板车上，然后，他点燃了导火线。烟火的爆炸声此起彼伏，滑板车像发疯似地飞了出去，这位少年也被重重地摔在地上。结果，巨大的爆炸声引来了警察，少年被带到了警察局，受到了一顿训斥。这位少年就是后来著名的科学家韦恩赫·冯·布劳恩。

布劳恩从小就对天文和火箭很感兴趣，他的志向就是能够飞翔。为了实现自己的志向，布劳恩进行了各种各样的实验，这次异想天开的实验也是其中之一。尽管实验没有成功，但是，布劳恩却已经尝到了"飞行"的滋味，他决定继续自己的实验。

布劳恩大学毕业后，获得了飞机驾驶执照。接着，他进入佩内明德大型火箭实验基地，担任技术部主任，开始领导火箭的研制工作。1937年德国的 A 系列火箭和 V-2 火箭就是在他主持下研制的。

第二次世界大战后，布劳恩来到美国研制火箭。在他领导下研制的丘比特火箭将美国的第一颗人造卫星送入了太空；"土星"系列火箭则成为登月的核心。

其实，很多科学家也是如此，儿时的梦想对于他们未来的成功起到了不可低估的作用。布劳恩正是坚持了自己的梦想，才使他最终成了火箭专家，并实现了自己的梦想。

每个孩子都有自己的梦想，有的想做科学家，有的想做艺术家，有的想做教育家，等等。儿童心理学家认为，梦想是孩子自我形象的理想化。

无论是谁，要想实现自己心中的梦想，就要付出努力。通往梦想之路并不是一帆风顺的，在这个过程当中，困难、障碍和挫折总会伴随左右。而这个过程，也正是考验一个人意志的过程，有些人实现了自己的梦想，有些人却一直无法实现自己的梦想，区别就在于此。因此，父母们一定要让孩子明白，要想实现自己的梦想，就要执着地追求，不为任何困难和挫折而放弃。要告诉孩子，只要懂得坚持梦想不放弃，成功总有一天会到来。

在进行教育的过程中，父母还需要注意以下几点：

1. 经常和孩子谈论自己的梦想

父母要经常和孩子谈论自己的梦想，谈谈自己在实现梦想的过程中所遇到的困难，以及自己怎样克服的。在这个过程中，父母可以很自然地把关于坚持梦想的一些道理讲给孩子听。同时，也可以讲讲伟人以及身边人的故事，这也是非常有效的。

2. 关注并帮助孩子追求梦想

在孩子追求梦想的过程中，父母应予以多方面的关注。比如，和孩子一起探讨研究追求梦想的必要条件以及努力方法，并将学习的意义建构在每一个梦想上。父母也应经常与孩子一起温习孩子的梦想，感受梦想。

此外，父母还要帮助孩子一个或几个偶像，和孩子一起讨论偶像的成长史，让偶像在孩子心底生根。最后，给孩子的追梦计划提供建议和支持，在孩子怀疑梦想时给孩子以鼓励。

3. 千万不要嘲笑打击孩子的梦想

几乎每个孩子都有自己的梦想，面对孩子的梦想，父母一定要注意呵护。然而，在现实生活中，很多父母却常常对孩子的梦想不屑一顾，甚至大泼冷水。

有一个8岁男孩曾对母亲说："我长大了要去当舰长。"而母亲却说："看你那差劲的成绩，打扫军舰都没你的份儿。"孩子的梦想被母亲的讥讽中破灭了。如果这位母亲能认真对待孩子的那个梦想，这个孩子日后没准真会成为一位出色的舰长呢！

要知道，任何的嘲笑和打击都只会扼杀孩子的梦想，使孩子失去信心，失去目标。也许就因为父母一句怀疑的话，世界上就少了一个伟大的人物。

4. 对于孩子"异想天开"的想法要积极回应

1969年7月20日，美国宇航员阿姆斯特朗和另外一名宇航员乘坐"阿波罗11号"登上了月球，完成了人类历史上首次载人登月的任务。阿姆斯特朗第一次乘坐飞机时才6岁，取得飞行执照时也未满18岁。小时候的一天，他一个人在院子里玩耍，折腾出一些怪异的声音，正在厨房做饭的妈妈听到了就问："你在干吗呢？"小阿姆斯特朗说："我正在试着跳到月球上去！"妈妈没有像别的母亲那样训斥他异想天开，而是高兴地说："好啊，但不要忘记回来吃饭哦！"

因此，当父母发现了孩子有与众不同的思维想法时，千万不要轻易地就去否定，而是应当设法鼓励他，让他展开梦象的翅膀。

帮孩子踢开"缺乏勇气"的绊脚石

勇气是一种人们在面对困难、痛苦、危险、挑战或不确定因素时，能够克服恐惧的能力。没有勇气的人，在面这些恐惧的因素时，常会不知所措，甚至自我失控。

每个父母都希望自己的孩子很勇敢，可有些孩子胆子却很小。比如有些孩子每当妈妈不在身边的时候就总会感到害怕，有的孩子怕黑，有的孩子怕"鬼怪"，等等。

小雨是个小学四年级的学生，长得文静秀丽，可胆子却特别小。小雨的妈妈说，小雨从来不敢一个人待在家里，就算大白天只要爸爸妈妈不在，小雨也不敢一个人留在家里，总是到附近的奶奶家去；每次家里来了客人，她也总是不敢与人打招呼；要是听见打雷、看到闪电，总是吓得缩进爸爸妈妈的怀里；她从来都不敢独自出门，有什么事总是要爸爸妈妈陪着；要是有道题目不会做，妈妈叫她去问隔壁的哥哥，她也不敢一个人去，非得妈妈陪着去不可。

其实每个人都有先天的恐惧心理，比如，婴儿生下来时，害怕奇怪的声音。心理学家做过这样一个模拟实验：他们让从未见过悬崖的婴儿看一个用玻璃制造出来的"万丈悬崖"。婴儿看见了，怎么也不敢靠近这块玻璃，生怕从"悬崖"上跌落下来。

但胆怯主要还是由后天因素引起的。在生活中，因为父母过分呵护孩子，造成孩子胆子很小，没有勇气在公共场合抛头露面，只想把自己躲在别人看不到的角落里。长此以往，不但会导致孩子性格孤僻、不爱交流，也会因不合群而产生心理问题。其实，孩子的勇气并不是天生的，而是在父母的引导下逐步锻炼出来的。

勇气对于孩子来说很重要。当孩子处于逆境中时，如果他有勇气，就好像在人生征途中放置了一颗明珠，既能在阳光下熠熠生辉，也能在黑夜里闪闪发光。因此，他一定会更加自信、勇敢，这种自信和勇敢足以让孩子战胜各种困难和挫折。相反，如果孩子失去了勇气，人生路上将充满黑暗，还会在前进的道路上迷失自己。

因此，父母在平时一定要注意培养孩子勇敢的品质。对此，父母可以从以下几点着手：

1. 不要强迫孩子否认令他们感到害怕的事物

心理学家认为只有当孩子感到你承认他们害怕的东西是客观存在的时候，他才会相信你对解除他的害怕所做的解释。

父母要正确对待孩子所害怕的事物，一种非常有效的方法就是教给孩子关于某些事物的知识。如有的孩子害怕猫、狗等小动物，父母就可以给孩子讲一些有关这些动物的小故事，并告诉他们这些动物一般不会伤害人，但要学会与它们相处的方法。这样，就可以帮孩子增强安全感。

2. 要注重父母的榜样力量

孩子特别爱模仿自己父母的言行，因而，父母的榜样作用对孩子影响极大，父母应该以自己无所畏惧的形象来影响孩子。

另外，父母还应该坦率地承认自己也曾害怕过某些东西，但现在已经不再害怕它们了。这样，孩子就会明白，他并不是世界唯一害怕这些事物的人。从你的身上他可以知道，这些事物并不那么可怕，是可以被征服的，恐惧的心理便会得到克服。

3. 要按照孩子的方式消除他们的惧怕心理

孩子们从小就从小人书和童话故事里知道了鬼怪的故事，因而惧怕鬼怪。这时给他们讲唯物论是无用的，最有效的办法是对孩子说他是勇敢的孩子，当他在屋里时鬼怪是不敢跑进来的，或者说鬼怪怕好孩子等。这样，孩子便很容易接受你的话，并消除惧怕心理。

4. 要了解孩子真正害怕的事

孩子们往往言行不一地掩盖他们真正所害怕的事情。如一些孩子每当父母要外出时总是哭闹不止，不让父母出去，而实际上他是怕一个人待在屋子里。因此，要细心观察孩子的日常言行，了解他真正害怕的事情，然后对症下药加以解决。

5. 带孩子参加一些挑战性的活动

如果生活中没有任何挑战，那么孩子的能力就得不到锻炼，勇气就无法得到提升，当然意志力也就无法得到磨炼。所以，可以带孩子去参加一些具有挑战性的活动。

比如，可以带孩子去参观、旅游、登山远望，或者到湖里、河里去划船、游泳，以锻炼孩子的勇气；在公园游玩时，可以让孩子尝试走一走独木桥、铁索桥；父母应鼓励孩子参加体育锻炼，参加学校组织的各种球队，这些体育活动都有助于培养孩子的勇敢精神。

总之，要想培养出勇敢的孩子，父母们就要从自身做起，并经常与孩子进行沟通，了解他们的真实想法，有意识地锻炼他们。只要坚持下去，你就会发现自己的孩子正渐渐成为一个勇于面对困难的勇敢的孩子！

让孩子变得越来越坚强

爱迪生曾经说过："伟大人物最明显的标志，就是他坚强的意志。不管环境恶劣到什么地步，他的初衷与希望不会有丝毫的改变，而后克服困难，达到预期的目的。"

坚强不仅仅是摔倒了不哭，而是摔倒了还能勇敢地站起来，并以更加积极、乐观的态度去走下面的路。

美国心理学家曾经对800名男性进行了30年的跟踪调查研究，结论是：在成就最大和最小的人之间，最明显的差异不是智力水平，而在于是否有进取心、自信心、耐力和不屈不挠的意志。

孩子往往意志薄弱，耐力差，做事不能长久，"知之"而不能"行之"，更不能"持之"。不少孩子上课注意力不能持久集中、成绩忽高忽低、屡犯小错等，都是意志薄弱的表现。孩子在成长的道路上都会遇到许多挫折，在面对困难和挫折的时候，意志薄弱的孩子往往没有坚强的意志去克服它，而坚强勇敢的孩子面对困难时不会退缩，反而奋发图强，持之以恒，凭借自己坚强的意志，战胜困难和挫折，越过障碍和绊脚石，从而取得成功。

可是现在的大部分孩子都缺乏意志，因为他们生活在父母的溺爱下，缺乏独立解决问题的能力、坚持不懈的毅力及承受挫折的耐力。这样的孩子在以后的生活中会遇到各种各样的麻烦，所以父母应该从小培养孩子坚强的意志，敢于向一切挫折、困难挑战的精神。这样的孩子，才能真正成为时代的佼佼者。那么父母应该怎样做呢？

1. 希望孩子坚强，父母首先要坚强

一天，妈妈带菲菲去医院拔牙，菲菲有点害怕。妈妈就安慰她说："别怕，妈妈会守在你的身边。"谁知进了诊疗室，菲菲却抓住妈妈的手不肯放，哭哭啼啼的就是不肯跟医生合作。这时，一位老大夫走过来对妈妈说："请你出去等吧！"

妈妈忐忑不安地在外面等待着。不一会儿，孩子平静地走了出来。妈妈急切地问："疼吗？你哭了吗？"菲菲说："有点儿疼，可我一声也没哭！"

后来，老大夫对菲菲的妈妈说："你知道当时我为什么要你出去吗？你守在孩子的身边，孩子感受到依靠，就会撒娇、任性。我让你离开你的孩子，是要促使孩子自己去直面痛苦和磨难。孩子没有了依靠，自然会丢掉幻想，用自己的意志和毅力去战胜怯懦和疼痛。"

其实，孩子并不像我们所想象的那样怯懦和脆弱。当孩子遭遇困难时，首先无法忍受的往往是我们。如果我们感情用事，焦急地对着孩子问这问那，不仅无助于孩子克服困难、战胜痛苦，相反，只能增加孩子的恐慌和软弱。比如，当孩子与小伙伴们玩耍时，不小心跌倒了，他们会迅速地爬起来，拍拍身上的灰尘，继续和小伙伴们快乐地玩耍。但是，这时，如果妈妈担心孩子会摔痛，而焦急地跑过去，抚摸着孩子问长问短，孩子则往往会因为小小的疼痛，或者为了博得妈妈更多的关注而大哭一场。

所以，希望孩子坚强、勇敢，父母首先要自己坚强起来。在孩子遭遇小小的痛苦和磨难时，干脆离开你的孩子，让他直面人生，独立面对困难

和痛苦，经受锻炼和考验。只有这样，孩子才能坚强地面对人生中的任何困难。

2. 不要把孩子当成弱者

著名科学家居里夫人很注意培养孩子的坚强性格。在第一次世界大战期间，居里夫人把大女儿带到战争前线救护伤员，让她在艰苦的环境中锻炼。1918年，居里夫人又要两个女儿留在正遭到德军炮击的巴黎，并告诉孩子，在轰炸的时候不要躲到地窖里去发抖。这种把孩子当成强者的态度也使居里夫人的孩子们成了坚强的人。

因此，现在的父母应当调整自己的教育观点，不要把自己的孩子当成弱者。而生活中，恰恰有很多父母认为孩子很娇气，总是担心孩子受到伤害，而把所有危险与孩子隔离开，这样就等于剥夺了孩子锻炼自己的机会。因此，应像这个妈妈学习当在公共汽车上，有人给她5岁的女儿让座时她却对让座的人说："让她站着吧，她已经到了该自己站立的年龄了！"

只有让孩子自己去站立，他的双腿才会坚强，才会磨炼他的意志力。

3. 给孩子一些劣性刺激

劣性刺激是指一些令人不舒服或不愉快的外界刺激，这些刺激对孩子来说是必需和有益的。这些刺激主要有：

（1）困难。美国一些儿童专家指出，有条件的父母应常给孩子制造一些经过努力可以克服的困难。当然，在这当中，父母需要教给孩子克服困难的勇气，也要教给孩子克服困难的办法。

（2）饥饿。饥饿是一种挑战生理极限的刺激。如今生活条件好了，很多孩子吃饭挑食或抱怨这、抱怨那，这时候，父母可以适当让孩子尝一下饥饿的滋味，让孩子在饥饿的刺激下学会控制自己的偏好。

（3）吃苦。大部分孩子在面对吃苦的时候总是显示出娇弱的一面，父母不妨有意识地锻炼孩子，比如多让孩子参加一些野营活动，让孩子在艰难的条件下吃点苦头，这样比较有利于培养孩子坚强的性格。

（4）批评。许多孩子的心理非常脆弱，根本无法接受别人的指责和反面评价。美国学者埃丽希·弗说："没有规矩不成方圆。因此，必须明确规定一些孩子不应做的事情，比如，打人、骂人、偷东西等，这些都是绝对不允许做的。如果孩子做了，就要接受批评、惩罚，有时还要严厉一些。这样对孩子的身心健康成长是有益的。"

（5）惩罚。对于孩子犯的较大的错误，父母应该给予适度的惩罚，这种惩罚可以是物质上的，也可以是精神上的。比如，把孩子关在一个比较安全的地方或不允许孩子买他想买的玩具等。

（6）忽视。父母总是一味以孩子为中心，无论是在哪种环境下，孩子们似乎永远是主角。那么，如果环境发生变化，孩子不能再当主角了，不被重视了，他的心理就会失去平衡，就有可能承受不了这种角色的转变。因此，父母在生活中不要一直把孩子作为重心，有时候可以适当忽视孩子，让孩子调整自己的心态，从而帮助孩子在人际交往中保持良好的心态。

不能接受自己的失败才是真正的失败

　　无论是在日常生活还是在学习中，一个人不可能永远都只有成功，没有失败。对待失败的态度，就决定了下一次是否能够成功。俗话说"失败乃成功之母"，只有敢于接受失败，并从失败中领悟和学到某些知识，总结出某些经验教训，这样才有可能抓住通往成功的"梯子"。

　　遗憾的是，现实生活中很多孩子不能接受失败。其实，这与父母对孩子的教育有很大的关系，因为这种不能接受失败的教育根深蒂固。可以说，今天的教育制造了一种"不能接受失败"的社会氛围。

　　对于父母来说，如果你从事的行业不在社会的高层，你的收入达不到高标准，你的职位也很低微，你住的房子、用的东西都没有别人的奢华……你就一定会受到身边亲人的压力。"你看人家某某，人家谁谁……"因为说这些话的人往往都是你最亲近的人，如你的父母、妻子丈夫等。就这样，你会一次一次受到刺激和打击。

　　面对这些打击，很多父母又把这种情绪向身边的人发泄，比如"严格要求孩子"，让孩子一定不能失败，否则就会感到无助，认为孩子的前途不甚光明。其实，这是没有必要的，也是不应该的。

　　一名14岁的学生在某市初二实验班读书，他的成绩一直非常出色，在实验班名列前茅。他有两个表哥，都已经大学毕业，这给他树立了榜样。但是，在刚刚结束的期末考试中，他的成绩却很不理想，他认为这是很大的失败，由于一时想不开竟然钻进了快速行驶的货运列车下，当即身亡。

其实，一次考试成绩不理想，如果说算失败，也只是非常小的失败。作为父母，应该鼓励孩子勇敢接受失败。因为接受失败能让孩子变得更加坚强，会向着成功的目标更进一步。英国著名化学家戴维曾说："我的那些最重要的发现都是受到失败的启发而获得的。"

美国很多著名企业就非常看重员工能否接受失败。他们在招聘新人时，并不十分看重学历，而会比较偏重一些特质。比如，在学校里是否参加过体育团队等。他们认为，参加过体育团队的人能够接受失败。因为在体育比赛里，冠军只有一个，所以大部分人辛苦训练了很久，在赛场上又拼搏了半天，可到最后不得不和队友们接受失败的结果。但他们明白要接受失败，虽然这次比赛没拿冠军，不过没关系，下次再来。

作为父母，不要让孩子有这种心态：失败是可怕的敌人，要不惜一切代价地避免失败。其实，这反而会让孩子变得紧张，害怕失败，从而不能集中自己的精力用心做事。

在《请给孩子松绑》一书中有这样一个例子：

当父亲得知女儿陈元与国际奥赛失之交臂的消息后，他能体会到女儿内心的伤痛。陈元在经历了奥赛的层层选拔后，却在距离国际奥赛仅仅一步之遥的地方失去了机会，这对一个涉世未深的16岁女孩来说，无疑是一次沉重的打击。但陈元的父亲不能给孩子找借口，他要让孩子勇敢地面对失败，并接受它。于是，他给女儿写了下面的这封信，压在陈元的书桌上。

女儿：

你虽然没有进入国家队，这是遗憾，但你从中得到的经历、锻炼、启迪，以及你所认识的社会、认识的人生，远比你进入国家队的意义要丰富得多、宝贵得多。这是你人生的一个新的起点，你会更经得起挫折、委屈，你会因此而奋起，从而去攀登你人生的又一个高峰。

记得你上小学时，从浏正街小学转到修业小学，你在浏正街受委屈的那段经历，激励你从小学到中学一直奋发努力，可以说，那是你人生的一笔财富。同样，在中国科大的这段经历，更会激励你在即将开始的大学生涯中拼搏进取，因为你经受了挫折，你已经懂事了！

爸爸

对待失败的态度、对待逆境的回应，可以体现出一个孩子的心理韧性。韧性是一种能够应对任何挑战的内在力量。在现代这个快节奏处处充满压力与竞争力的世界上，所有的孩子都需要具备克服困难以及应对失败的能力。那么，我们应该怎样引导孩子坦然接受失败呢？

1. 认可孩子的努力

只要孩子在做一件事情的过程中认真过、努力过，就算失败了，父母也不应该否定他们的努力。从某种程度上来说，认真的态度、努力的过程要比侥幸的成功、偶然的结果更重要。一次又一次的失败，能锻炼孩子的韧性，提升跨越下一个障碍的能力与信心。

2. 理解孩子遭遇失败的心情

当孩子遭遇失败时，肯定会非常伤心难过。这时，父母要充分理解他们的心情，如可以这样对孩子说："宝贝，我知道你这次考得不好，心里很难过。妈妈小时候考不好时也会很难过，甚至还会痛哭一场。但是只要认真总结这一次的教训，妈妈相信你下一次一定会考得更好。"这样说，就会让孩子坚信，父母会永远在他身边支持他、鼓励他，使他敢于面对任何失败，从而增强孩子的心理韧性。失败后怎样正确面对，这是父母应该让孩子懂得的。其实，决定一个人是否能够成功的最关键因素就在于他怎样对待失败。

3. 鼓励孩子战胜失败

告诉孩子，每个人都经历过成功与失败，那些成功的人也一定经历过失败。其实失败并不可怕，可怕的是不能战胜它。一个人要想获得成功，就必须找到战胜失败继续前进的法宝。否则，失败定会导致失望，而失望就定会让人一蹶不振。事实证明，那些成大事者都是能够战胜失败、坚持不懈追求梦想的人。

4. 让孩子认清失败的本质

要想让孩子战胜失败，就一定要让他认清失败的本质，只有这样才能培养他战胜失败的勇气。要让孩子明白：失败只是暂时的挫折，要把失败看作成功路上的里程碑，只要不服输，失败就不会是定局。

曾有人说："失败应当成为我们的老师，而不是掘墓人；失败是短时耽误，而不是一败涂地；失败是暂时走了弯路，而不是走进死胡同。"如果能让孩子这样认识失败，他就能轻装前进。

又如汽车大王亨利·福特说："失败不过是一个更明智的重新开始的机会。"所以，父母一定要让孩子懂得，世上并没有难事，只要认识到失败的本质，坚持自己的努力，他就一定能够有足够的勇气战胜失败，走向成功。

5. 帮孩子分析失败的原因

当孩子遇到困难不能解决或遇到失败时，父母要与孩子共同面对困

难或挑战失败。父母不但要鼓励孩子勇敢地面对失败，还应该进一步启发孩子"为什么会失败"，和孩子一起分析失败的原因，并帮助他从失败中走出来，鼓励孩子不再犯类似的错误。这样，孩子才能一步步找到问题的答案，进而面对生活和学习中的各种困难。

面对困难坚持一下，转折点就在下一个路口

圆圆看到她的朋友都在学习跳舞，便心血来潮，也很想学跳舞。于是，她就对妈妈说自己要学跳舞。妈妈觉得可以将舞蹈作为孩子的一个兴趣与爱好，当然非常支持孩子。圆圆进入舞蹈班后，舞蹈老师为她制订了一套训练计划，刚开始需要给孩子拉筋，可圆圆还没坚持两天，就觉得太残酷了，整天都要压腿，实在是受不了。

妈妈看着也很着急，一直鼓励她说："坚持一下，你刚开始学，总会辛苦一点儿的。"可圆圆叫嚷着再也不学了。妈妈对此很不理解，明明是孩子自己要求学的，为什么遇到一点小困难就想到放弃呢？

这样的状况经常发生在孩子的身上。孩子遇到挫折常常不能坚持，就因为觉得困难而选择逃避和放弃。更让做父母的特别不能理解的是，如果是父母强迫孩子做某事的话，孩子选择放弃还有理由，但有些事情明明是孩子自己喜欢的，却因为不能吃苦，而坚持不下去。遇到这样的情况，做父母的当然很生气。

其实，挫折和困难是孩子必须学会面对的，每个孩子的成长都离不开与挫折的搏斗。每一个成功者，都是一个善于在困境中坚持的强者。父母要告诉孩子，面对困难和挫折，坚持一下，转折点就在下一个路口。

据说，世界上只有两种动物能达到金字塔顶：一种是老鹰，还有一种，就是蜗牛。老鹰和蜗牛，它们是如此的不同，鹰矫健、敏捷、锐利；蜗牛弱小、迟钝、笨拙。鹰残忍、凶狠，杀害同类从不迟疑；蜗牛善良、厚道，从不伤害任何生命。鹰有一对飞翔的翅膀；蜗牛背着一个厚重的壳。他们从出生就注定了一个在天空翱翔，一个在地上爬行。

鹰能到达金字塔顶归功于它有一双善飞的翅膀。也正是因为这双翅膀，鹰才成为最凶猛、生命力顽最强的动物之一；与鹰不同，蜗牛能到达金字塔顶，是靠它永不停息的执着精神。虽然爬行非常缓慢，但是每天坚持不懈，总能登上金字塔顶。

由此可见，坚持真是一种伟大的力量。同样的道理，如果孩子要想学好本领，就必须苦练基本功，必须持之以恒。父母要告诉孩子，当面对挫折的时候，必须坚持下去，只有坚持才能有无限的可能。凡事再坚持一下，挫折也会成为成功的垫脚石。

对此，父母在平时可以利用身边的小事来锻炼孩子做事的坚持力。比如洗碗、擦桌子、收拾房间等，父母可以在一旁督促孩子，让孩子用心去做，直到把一件事做完为止。要让孩子明白，做任何事情都要有始有终。

在经历了日常生活中小事的锻炼后，父母也可以有意识地设置点儿障碍，为孩子提供克服困难的锻炼机会。因为，坚持力是坚强意志磨炼出来的，越是在困难的环境里，越能锻炼孩子的坚持力。做父母的要鼓励孩子做事不要半途而废。孩子经过努力出色地完成一项工作后，父母要给予及时的表扬，强化孩子做事能坚持住的好习惯。

当孩子做事不能善始善终时，父母可以这样鼓励他：

"你要坚持一下，如果这条路走不通，再试试其他办法。不管是直接地还是绕道而行，只要能够走过去，你都应该试试。当你想要放弃时，你要告诉自己：坚持做下去，我一定会成功的！"

　　同时，父母也可以加上鼓励性的话：

　　"我知道你会成功的！"

　　"你做得确实很不错！"

　　"既然你已经开始了，就一定要坚持到底！"

　　在这些温情话语的鼓励下，孩子就会激发做事情的热情，并不断自我暗示。如果孩子充满了信念，那么信念就可以支撑他一步一步去实现目标，无论是顺境还是逆境，机遇还是挫折。

　　当孩子不想学习时，可以鼓励孩子："把这篇文章看完就休息！"当孩子不想走着去公园时，可以对孩子说："我们一边走一边拍照片，10分钟后就可以到公园了。"从生活细节入手，日久天长，孩子的坚持力就会不断增强。

良好的心理承受力，让孩子经得起风风雨雨

　　每个人一生都会碰到很多困难，遭遇无数挫折。具有良好心理承受力的人能以乐观的态度除掉这些障碍，最终取得成功；心理承受压力差的人会悲观地逃避磨难，注定将来一事无成。

　　李强今年6岁，刚上小学一年级。有一天，李强因为一点小矛盾与别的同学打架了，老师批评了他。李强一气之下就从学校跑回家，告诉妈妈老师批评了自己，自己不想去上学了。无论妈妈怎么劝说，李强就是不愿意再踏进学校一步。李强的妈妈此时才意识到，一直宠着孩子是个错。

　　原来，李强之所以受不了老师的批评，是因为在家里他一直是个宝贝，妈妈没有责备过他，爷爷奶奶都顺着他，外公外婆总护着他。在家里从未遭受过责难的李强，对老师的批评难以接受，他感到十分委屈，因此拒绝再去上学。

　　心理承受能力，是指一个人从挫折中恢复愉快心情的心理素质。心理承受能力对一个人的生活和工作是非常重要的。一个人只要参与社会生活，就会遇到各种压力、困难和挫折。心理承受力强的人面对这些人生障碍，会以乐观的态度去面对；心理承受力差的人则像上例中的李强一样，老师只是批评了几句心里就承受不了，开始学着逃避，这永远解决不了任何问题。

　　良好的心理承受力，并不是与生俱来的，它要经过后天的培养、磨炼和不断地吸取教训之后才能拥有。父母要想培养孩子良好的心理承受力，就要从孩子小时候开始，让孩子独立去做一些事情，去经历困难，去遭遇打击，孩子的心理承受力才会慢慢地从这些挫折中得到培养、锻炼，遇到困难才会不悲观、不焦虑，也不懦弱、不逃避，反而积极地想办法去战胜它。

　　如果父母不让孩子出去经受磨难，总把孩子放在精心营造的舒适环境里，孩子最终将会一事无成。所以父母要学会放手，让孩子尽早脱离妈妈的羽翼，去体验真实的社会生活，锻炼孩子的心理承受能力，最终帮助孩子走向成功。

　　当然，每个人最初遇到坎坷时都需要别人的帮助，所以，当孩子开始遇到挫折的时候，像上例中李强的情况，父母就要给孩子及时的帮助，要认真和孩子交谈，解开孩子心中的疙瘩，鼓励孩子坚强、自信地面对问题。父母还要启发和开导孩子多从有利于自己的那一面去想，不断增加孩子的信心，提高孩子耐挫折的能力，让孩子在面对困难时具备足够的心理承受能力。

　　考试不及格，竞赛不入围，升不了重点中学，和同学、老师关系不好等，这些都会给孩子带来心理压力，需要孩子具有良好的心理承受力才能从容面对。那么，父母应当怎样培养孩子良好的心理承受力呢？

1. 让孩子从学习自理中提高心理承受力

　　父母过多地包办代替，使孩子总是处在被指示的地位，没有自己作选择和决定的机会，当他们真正独自面对学习、生活、交往中的一些困难或压力时，往往不知所措，缺乏独立意识，更缺乏战胜困难的信心和勇气。因此，父母应尽量让孩子自己决定和处理个人的事，这样才能锻

炼孩子，为培养孩子良好的心理承受力打下基础。

2. 让孩子学会从困难中看到希望

任何事情都有利有弊，我们要告诉孩子不要只盯着对自己不利的那一面，任压力把自己压趴下，任困难把自己踩在脚下；相反，我们要教会孩子永远盯着有利于自己的一面，学着变压力为动力，并告诉他们只有经历困难才能够茁壮成长。

3. 让孩子学会平衡心态

没有人十全十美，没有人不经历挫折。在孩子某一方面受到打击的时候，妈妈应及时排解孩子的心理压力，帮孩子分析问题，鼓励孩子勇敢面对困难，使孩子有一个平衡的心态，才能避免孩子产生自卑心理，从而提高孩子的自信心和心理承受能力。

4. 有目的地对孩子进行"心理操练"

心理和生理一样，必须通过一定的锻炼来促进其健康发展。为培养孩子的心理承受力，妈妈可以有目的、有计划地开展一些"心理操练"：在孩子取得成绩的时候出点难题；在孩子失败、失意的时候给予鼓励。教育孩子"得之不喜，失之不忧"，始终以平和的心态参与竞争，这样才能够让孩子经得起未来人生道路上的风风雨雨。

做事有耐心是成功的关键因素之一

俗话说，"欲速则不达""心急吃不了热豆腐"，这说明耐心是成功的关键因素之一。在心理学上，耐心属于意志品质的一个方面，即耐力。它与意志品质的其他方面，如主动性、自控力等有一定的关系。

齐白石是中国近代画坛的一代宗师。齐老先生不仅擅长书画，还对篆刻有极高的造诣，但他并非天生就会这门艺术，而是经过了非常刻苦的磨炼和不懈的努力，才把篆刻艺术练就到出神入化的境界的。

年轻时候的齐白石就特别喜爱篆刻，但他总是对自己的篆刻技术不满意。他向一位老篆刻艺人虚心求教，老篆刻家对他说："你去挑一担础石回家，要刻了磨，磨了刻，等到这一担石头都变成了泥浆，那时你的印就刻好了"。

于是，齐白石就按照老篆刻师的意思做了。他挑了一担础石来，一边刻，一边磨，一边拿古代篆刻艺术品来对照琢磨，就这样一直夜以继日地刻着。刻了磨平，磨平了再刻。手上不知起了多少个血泡，日复一日，年复一年，础石越来越少，而地上淤积的泥浆却越来越厚。

最后，一担础石终于统统都被"化石为泥"了。这坚硬的础石不仅磨砺了齐白石的意志，而且使他的篆刻艺术也在磨炼中不断长进，他刻的印雄健、洗练，独树一帜。而他的篆刻艺术也已达到了炉火纯青的境界。

耐心被认为是一个人心理素质优劣和心理健康与否的重要衡量标准之一，也是一个人能否成功的关键因素之一。培养孩子的耐心不仅对他的学习有帮助，而且对他今后的人生道路也有很大的影响。但是，孩子毕竟是孩子，他们一般都不够有耐心，只要想到了或者听到了，他们便要求立刻兑现，否则便不停地纠缠、吵闹，直到父母满足他们的要求为止。

这其实并不奇怪，因为孩子的耐心并不是与生俱来的，而是需要后天的培养。我们可以通过培养孩子耐心的办法，来提高他的自我控制能力，让他在这方面有一个大的长进。

当孩子不停地用哭闹强迫父母满足他的要求时，这时父母一定要沉得住气，要注意对孩子进行耐心训练。只有父母付出耐心才会培养出孩子的耐心。

那么，父母应该怎样来培养孩子的耐心呢？

1. 父母要做好榜样

孩子的很多习惯通常都是因为受身边一些人或事的影响才养成的，所以这就必须要求父母们自己要做好榜样，耐心地去做每一件事，而不要总是虎头蛇尾。

比如，晚上妈妈跟孩子一起学习，当孩子不断地起身、坐下时，做妈妈的却可以坚持看书，孩子见妈妈能够耐心地看书，也就能受到一些感染。

另外，妈妈在要求孩子做一件事情之前，要先跟孩子约好这件事必须耐心地做完；如果没有完成不仅需要补上没做完的，而且还得再增加时间来处理相关的事情。这样，孩子就能够有计划地去做事，也能够在一定的时间内耐心地把事情做完。

2. 让孩子学会等待

有时孩子只要想到一件事情，他们总是希望立刻去做，否则便会不停地纠缠。

星期天早上，刚吃完早餐，4岁的儿子就开始叫道："妈妈，我要到公园去玩。"

妈妈说："等一下，等妈妈收拾完东西一起去。"

"不要，我要现在就去，你回来再收拾吧。"儿子嚷嚷道。

"不行，做事情就要有始有终，妈妈要先收拾完才能跟你一起去。你可以先看看连环画，妈妈很快就收拾完了。"

于是儿子拿起连环画看了起来。等妈妈收拾完东西走到客厅的时候，发现儿子还看得津津有味呢。

可见，在孩子纠缠不休的时候，父母一定要坚持，不能因为孩子的要求而做出让步。如果父母每次都是只要孩子一要求就做出让步，孩子得到的经验就是"妈妈（爸爸）总是听我的，我想怎样就可怎样"，那么，孩子就会越来越没有耐心。

当然，父母也不可以用生硬的态度来命令孩子，如"不行，你给我等着！"这样孩子就会产生逆反心理，聪明的父母应该让孩子明白，等待是有原因的。

3. 从身边的小事来培养

在日常生活中，很多小事情都可以用来培养孩子的耐心。例如，可以让孩子帮忙做一些简单的家务活。刚开始，孩子可能会漫不经心地边做边想玩，这时妈妈可以陪着孩子一起做，直到孩子把他负责的地方收拾得干干净净。

在经历过小事的锻炼后，父母应该再有意识地给孩子设置点障碍，为孩子提供一些克服困难的机会。因为耐心是坚强意志磨炼出来的，越

是在困难的环境中，越能锻炼孩子的耐心。这时，父母要鼓励孩子做事不要半途而废。孩子经过努力完成一件事时，父母应当及时给予表扬，强化孩子耐心做事的好习惯。

4. 3分钟耐性训练

安吉娜·米德尔顿在《美国家庭的卡尔·威特教育》一书中介绍了一种"3分钟"耐性训练法，这种方法被证明是训练孩子耐性的好方法。

皮奈特是一个缺乏耐性的孩子，他只爱看电视和玩游戏，对书本不感兴趣。

一天，父亲拿着个沙漏告诉他说："这是古时候的钟表，里面的沙子全部漏下去时，整好是3分钟。"皮奈特想玩玩这个沙漏，这时父亲说："以沙漏为计时器，你和爸爸一起看故事书，我会边看边讲给你听，每次以3分钟为限，3分钟到后你可以自由去玩。"皮奈特很高兴地答应了。

第一次，皮奈特虽然表明上静静地坐下来听爸爸讲故事，但事实上他根本没有留意看书，而是一直看着那个沙漏，3分钟一到，便抓起沙漏把玩起来，玩腻了便跑去玩了。但是皮奈特的父亲没有气馁，他决定多试几次。这样数次之后，皮奈特的视线渐渐由沙漏转移到故事书上了。虽说约定3分钟，但3分钟过后，因为故事情节吸引人，皮奈特听得特别入神，他要求延长时间，但父亲坚持"3分钟"约定，不肯继续讲下去。皮奈特为了早点知道故事情节，就自己主动阅读了。

皮奈特的父亲用了一种循序渐进的训练，对孩子进行了潜移默化的教育，即通过孩子感兴趣的东西，使孩子的注意力在一定时间内专注于此，久而久之，孩子形成了习惯，也就提高了耐性。

3分钟的时间，正好适合孩子注意力的特点，3分钟后立即打住，这样会让孩子觉得你很守信，慢慢地，一旦引发了孩子的好奇心，就会激发他主动学习的动力。当然，培养孩子的耐性时也要有耐心和恒心，不要试了一两次之后觉得没效果就放弃了。

抵御诱惑，能磨砺孩子的意志品质

亮亮是一个非常贪吃的小男孩。

有一次，他在桌子上发现了一罐坚果。此刻他手里已经有很多零食了，但他还是很想尝尝那些坚果的味道。他想，"如果妈妈在，相信她也一定会给我一些吃。那我就拿一大把吧。"于是他放下手中的零食，把手伸进罐中，大大地抓了一把。

但是当他向外拿时，却发现罐口太小了，他的手被卡住了，尽管如此，他却一个坚果也不想丢掉。

他试了又试，手还是无法拿出来，急得脸都红了。最后他急得哭了起来。

这时，妈妈听到声音，跑过来问道："发生了什么事？"

"我无法把手里的坚果拿出来。"亮亮呜咽着说。

"好了，不要太贪心了。如果一次只拿一两个，你就不会遇到麻烦了。"妈妈说道。

果然，当亮亮松开手只捏一颗坚果时，很容易就把手拿了出来。

是的，人们应该抵抗住贪欲的诱惑，否则可能到头来什么也得不到。

在生活中，可以说处处充满了诱惑，面对着这些诱惑，大人尚且会动摇，又何况是仍未成熟的孩子？诱惑，就像表面铺满草、插满花的陷阱，美好的里面深藏着可怕的危险。

现在，社会上诱惑孩子的因素很多，一些网站、报纸、杂志、电影、录像、图书等中都有不健康的内容。这些不健康的内容很具有诱惑性，会腐蚀青少年的心灵。如果孩子缺乏自制力，经不起诱惑，那么他就会沉迷于花花世界中，丧失自我。

青少年时期是人生成长的关键期，一方面充满了旺盛的求知欲、好奇心，一方面又缺乏足够的鉴别能力，自我控制能力非常脆弱。在这种成长背景下，他们易受不良信息的引诱而成为受害者。

因此，作为家长一定适时指引，提高孩子抵御诱惑的能力。

1. 有意转移孩子的注意力

缺乏自控力的孩子常常不能等待一段时间以得到自己更想得到的东西。为此，家长可采用延缓满足的方式，训练孩子的自控力。如把一盘诱人的草莓放在孩子面前，孩子马上想伸手去拿，这时你可以对他说："先把它们画在纸上再吃，好不好？"父母多设置一些此类情景，有意训练孩子转移注意力，使他渐渐能够控制自己的行为，逐步学会自我控制的能力。

2. 不要经常带孩子去商场

孩子年纪尚小，无法理性地判断那些东西才是自己需要的东西，只凭自己的"眼睛"去挑选自己喜爱的东西。

商场里琳琅满目的儿童商品对他们来说都是不小的诱惑，而且现在的儿童商品都是针对孩子的心理精心设计的，让孩子凭自己的意志去抑制购买欲望可不是一件容易的事。所以如果要去商场的话，家长应事先与孩子商量好买什么，不能买多余的东西，让孩子学会克制自己的欲望。

3. 在日常生活中培养孩子的自控能力

父母可以从日常生活中的点滴小事入手。比如，孩子在玩玩具时，看到家长拿出一盒蛋糕，就丢下玩具想吃蛋糕。这时，家长可以制止他，要求他先把玩具收拾好，把手洗干净，才可以吃蛋糕。

在生活习惯养成方面，父母可以要求孩子不许挑食、准时睡觉、准时起床，等等，不做无原则的迁就，长此以往，就能培养孩子良好的自控能力。

4. 在游戏中培养孩子的自控能力

孩子特别喜欢做一些模仿幼儿园学习、生活的游戏，家长可让他扮演老师的角色，像老师一样有耐心、有礼貌。在交通安全教育的游戏中，让他扮演交警，要求他像交警一样笔挺站立15分钟，指挥交通。喜爱游戏是孩子的天性，在游戏中培养孩子的自控能力，往往能取到很好的教育效果。

5. 冷静对待孩子的任性哭闹

有的孩子很任性，当父母不能马上满足他们的要求时，就会通过哭闹来与父母抗争。这时父母一定要态度坚决，不能有半点让步。

父母必须让孩子明白：生活中有些东西并不是想要就可以马上得到的。当孩子发现哭闹不能解决问题时，他就会试着按照父母的意图做，要么等待，要么通过付出努力得到想要的东西。

6. 正确运用表扬

当孩子接受父母对他实施的延迟满足时，父母一定要及时表扬孩子，以鼓励孩子坚持这种行为。

随着孩子年龄的增大，他们的自我意识、意志能力也得到了进一步的发展，父母的表扬可以不定期地出现，并且要以精神表扬为主，必要时给以物质奖励，从而真正培养起孩子良好的自我控制能力和忍耐能力。

【家长实践作业】——用"代币制"满足孩子的愿望

我这里讲的代币制，指的是当孩子的行为符合您的期望时，那么就给孩子一种代币，把这些代币积累起来，然后就可以换取各种优待。

父母可以和孩子约定，要买新玩具或者吃好吃的，就需要用平时积累起来的"小红花"来交换。比如，当攒到5朵"小红花"时，就可以买一样新玩具，当攒到10朵时，就可以去一次游乐园。

这样，孩子每次通过获得"奖励"而实现愿望的过程，其实就是一种等待，能锻炼孩子的忍耐力。

附录

利用小游戏来培养儿童的自控力

　　儿童自控力是指儿童对自身的心理与行为的主动掌握，是个体自觉地选择目标，在没有外界监督的情况下，延迟满足、抵制诱惑、抵制冲动、调控自己的行为，从而保证实现目标的一种综合能力。

　　儿童自控力的发展，对其学习、生活、社会交往及其人格品质和良好个性的形成有着直接影响。自我控制能力不但在儿童早期发展中占有重要地位，而且也将对他们今后的发展产生深远影响。因此，帮助孩子形成良好的自我控制能力，具有非常重要的意义。

　　不过，儿童的自我控制能力不是与生俱来的，也不完全是由先天气质决定的，它的逐步发展和儿童后天所处的环境、所受的教育有关，是它们相互作用的结果。促进儿童自我控制能力的发展有多种教育和指导途径，种种研究表明，利用游戏策略培养儿童的自我控制能力是一种非常有效的手段。

　　苏联心理学家维果斯基认为："儿童最大的自制力来自于游戏之中。游戏促使儿童自愿遵守规则，并按照游戏要求来调节游戏规则与他当下的冲动或愿望之间的矛盾。这种遵守与执行规则的行为时由内部动机驱动的，而不是来自于外部的要求、命令与奖赏。"我国著名的学前教育家陈鹤琴先生经过数年的研究和分析指出，"各种道德几乎都可以从游戏中得来，什么自制、什么克己、什么诚实、什么理性的服从等，这种种美德的形成，没有再比游戏这个利器来得快、来得切实的了"。

　　在游戏的过程中，儿童尽管会受到一些游戏规则的约束，但游戏的吸引力会使儿童自觉、自愿地遵守这些规则，进行自我监督和自我调节，从而培养他们的自我控制能力。

下面就介绍几类培养儿童自控力的小游戏。

游戏一：运动性游戏

运动性游戏，是以大肌肉活动为主，让儿童在走、跑、跳等基本动作中，按照一定的竞赛要求来进行的游戏，能够很好地培养儿童运动控制的灵活性。

如果采用这类游戏，建议采取小组竞赛的方式。一群孩子在做运动游戏时，伴随着孩子自控行为的发生，他们的集体观念也会渐渐增强。在竞赛中，同组内的孩子往往会在等待中相互提醒鼓励并探究如何取胜的技术和策略，从而使孩子们的合作与交往能力得到很大的提升。

游戏二：操作性游戏

操作性游戏，是利用游戏材料发展儿童的小肌肉，以控制手部精细动作为主要活动形式的游戏。比如，自制拼图、种植小植物、拆卸旧物件等。

在这类游戏中，对材料的操作和摆弄是激发儿童游戏兴趣的源泉。由于儿童会专注于手部动作和材料本身，所以在规则简单的情况下，儿童的自控坚持度会有较好的表现，不过对外界干扰的自觉抵制力和自制力比较差，动作的失误以及他人的影响都会影响游戏的进行。在操作游戏的过程中，儿童执行规则的自觉性经常会随着动作的反复而被忽略。

等待是操作游戏中对孩子自控力的又一培养契机。受游戏人数和游戏设施的限制，某些游戏在进行的时候会使得一部分孩子处于等待状态。而等待和轮流是社会生活中人际交往的伴随因素之一，是一个人社会公德意识的体现，因此，我们不能为了单纯追求孩子发展而刻意在游戏中加以回避，应该让等待变成实验因素之一，从而促进孩子自控力的发展。

游戏三：娱乐性游戏

娱乐性游戏，是通过创设情境，让孩子模仿角色感受情节乐趣，从而使他们在遵守游戏规则中学会控制自身的情绪与情感的游戏。比如，老鹰捉小鸡、捉迷藏、123木头人等。

一般来说，孩子对动作的控制要优于对情绪和情感的控制。娱乐性游戏正是通过激发孩子兴奋的情绪过程，通过动作的控制，让孩子逐渐学会调节、控制自己的情感。

游戏四：智力游戏

智力游戏，是以智力竞赛形式进行的游戏，来达到训练儿童对规则的遵守以及抵抗诱惑、抗干扰等能力。比如，注意力训练类、逻辑推理类游戏等。

一般来说，这类游戏的进行要从4岁以后才能开展，因为这时的孩子已经积累了一定的生活经验。在游戏中，孩子经常会出现的问题是一些"犯规"行为的评判和孩子因此而引起的争执等，这时，成人要适时适度地进行干预，从而帮助孩子提高自行解决问题的能力。

通过这类智力游戏，能够初步锻炼孩子理性面对问题的能力。在以后遇到问题时，孩子的情绪就能稍微稳定一些，而不是手足无措或者在情急之下要赖。

总之，游戏是孩子喜欢的活动，我们要充分发挥它的作用，把游戏和孩子自控力的培养有机地结合起来。特别是要很好地利用本身蕴含着培养自控力因素的规则游戏和角色游戏，创设温馨、宽松的环境，最大化地发挥游戏的魅力，从而更好地发展孩子的自控力，锻炼其意志，进而促进其身心健康和谐地发展。